PREMIÈRES LEÇONS

D'ARITHMÉTIQUE DÉCIMALE

Imprimerie de W. REMQUET et Cie, rue Garancière, 5.

PREMIÈRES LEÇONS

D'ARITHMÉTIQUE

DÉCIMALE

SUIVIES D'UN GRAND NOMBRE DE PROBLÈMES

PAR LE P. C. AUBERT

de la Compagnie de Jésus

SERVANT D'INTRODUCTION

AUX LEÇONS D'ARITHMÉTIQUE PRATIQUE ET THÉORIQUE

du même auteur

PARIS

LIBRAIRIE DE Mᵐᵉ Vᵉ POUSSIELGUE-RUSAND

RUE SAINT-SULPICE, 23.

1860

PRÉFACE.

Ces Premières leçons d'arithmétique décimale sont extraites des *Leçons d'arithmétique pratique et théorique* dont il a déjà paru plusieurs éditions. On les présente sous forme de demandes et do réponses et on les développe en quelques points afin de les rendre d'une étude plus facile.

Nous rappellerons aux parents, et aux maîtres chargés de la première instruction des enfants, que la connaissance des nombres et de leurs plus simples usages doit se mêler aux premières notions qu'ils donnent à l'enfance ; car l'idée du nombre est liée à celle des objets qui le produisent ; et quand on a soin de ne pas l'en séparer, elle se grave dans la mémoire facilement et pour toujours. Nous leur dirons que ce n'est pas avec des livres, des chiffres, des nombres abstraits qu'ils doivent commencer, mais par des *leçons orales* et par des nombres *qui tombent sous les sens*. Les enfants jugent surtout par les yeux et ne retiennent bien que ce qui frappe leur imagination ; or, le nombre abstrait ne parle pas à cette faculté ; il faut donc d'abord bien se garder de le détacher de son objet pour lui donner un être vague et presque inappréciable à leur raison naissante. En se dirigeant d'après ces principes, on verra avec surprise la facilité et l'empressement de ces enfants à répéter des leçons, qui, peu auparavant, leur paraissaient inintelligibles et ne leur inspiraient que des répugnances.

Un maître veut-il enseigner les dix premiers nombres et leurs principaux usages, il se servira des dix doigts des deux mains. Il répétera et fera répéter non pas *un, deux, ... neuf, dix* ; mais *un doigt, deux doigts, ... neuf doigts, dix doigts.* Il donnera à l'enfant dix objets semblables et faciles à manier, comme dix centimes, dix jetons, etc. ; et il lui fera nommer les nombres à mesure que celui-ci les composera ou les décomposera : *Un centime, deux centimes,... dix centimes. — Dix centimes, neuf centimes,...*

un centime. L'intelligence fixée sur ces choses en aura bientôt
gravé les nombres dans la mémoire. Le maître pourra dès lors
s'en servir et faire avec ses élèves les *quatre règles* de l'arithmétique sans les définir ni même les nommer.

« Donnez-moi trois centimes ; combien vous en reste-t-il ?

« Donnez-moi encore quatre centimes, encore deux centimes ;
« combien en avons-nous chacun ? — Reprenez cinq centimes,
« qu'ai-je de reste ? — Donnez trois fois deux centimes à votre
« voisin, qu'a-t-il dans la main ? — Divisez vos dix centimes en trois
« parties égales ; que renferme chaque partie ? Vous reste-t-il
« quelque chose ? — J'ai payé hier trois centimes pour deux
« pommes ; je veux aujourd'hui en acheter pour six et même pour
« neuf centimes, combien en aurai-je ? etc. »

Ces exercices s'étendent et se varient avec la connaissance de
nouveaux nombres, ils en donnent la vraie science ; répétés sur
diverses sortes d'objets, ils conduisent l'esprit sans effort à la ré-
flexion, à la comparaison, à l'abstraction, et, par conséquent, à
l'usage utile d'un livre élémentaire, tel que celui que nous pu-
blions, par exemple.

Nous nous sommes inspiré de ces principes dans la rédaction
des *Premières leçons d'arithmétique.* Les définitions sont simples ;
elles ne s'appliquent d'abord qu'aux nombres entiers, comme on
l'indique, et plus tard on les généralise sans peine et avec fruit.
Les exemples sont habituellement tirés de nombres concrets et
bien connus des enfants.

Le maître rendra ces notions plus claires encore, en les figurant,
sur le tableau dont il se sert dans ses leçons, d'une manière ana-
logue à celle que nous traçons ici. Il enseignera, par exemple, la
formation des nombres en y écrivant :

Le nombre *un* s'écrit 1 et vaut   .
Le nombre *deux* s'écrit 2 et vaut   . .
Le nombre *trois* s'écrit 3 et vaut   . . .
Le nombre *quatre* s'écrit 4 et vaut   . . . .
Etc.

Il donnera l'idée de l'addition, de 3, 2 et 4, par exemple, en
écrivant :

$$3 + 2 + 4 = 9$$

$$\ldots + \,.\,. + \,.\,.\,.\,. = \ldots\; .\,.\; .\,.\,.\,. = 9$$

Il donnera l'idée de la soustraction, en renversant et modifiant le tableau de la formation des nombres et en représentant quelques soustractions, comme ci-dessous :

```
De    7   ou   de   . . . . . . . .
Otez  4   ou              . . . .   .
────────────────        ─────────────
Il reste  3   ou          . . .
```

Ce qui rend évident que le *reste* additionné avec le *plus petit* nombre donne le *plus grand*.

La multiplication et la division se prêtent même à ce genre d'explication sensible.

Ces opérations figurées seront d'autant moins nécessaires qu'on aura d'abord plus exercé *oralement et sur des objets matériels* l'esprit et la mémoire des jeunes élèves. Mais qu'on ne les regarde pas comme minutieuses ; car c'est la simplicité de leurs détails qui fait leur clarté, et, par conséquent, leur nécessité pour les très-jeunes esprits auxquels on les adresse.

Ce ne sera pas trop que de consacrer quelques instants tous les jours à interroger les enfants sur les tables d'addition et de multiplication jusqu'à ce qu'ils les sachent imperturbablement. On trouvera, dans des *Traités de calcul oral,* de nombreux exercices qu'il peut être commode d'avoir sous la main. Voici un modèle de ces exercices relatif à l'addition et à la soustraction :

1	2		1	2	3		1	2	3	4		1	2	3	4	5
2	2		3	3	3		4	4	4	4		5	5	5	5	5
2	2		3	3	3		4	4	4	4		5	5	5	5	5
2	2		3	3	3		4	4	4	4		5	5	5	5	5
2	2		3	3	3		4	4	4	4		5	5	5	5	5
2	2		3	3	3		4	4	4	4		5	5	5	5	5
2	2		3	3	3		4	4	4	4		5	5	5	5	5
2	2		3	3	3		4	4	4	4		5	5	5	5	5
2	2		3	3	3		4	4	4	4		5	5	5	5	5
2	2		3	3	3		4	4	4	4		5	5	5	5	5
2	2		3	3	3		4	4	4	4		5	5	5	5	5
21	22		31	32	33		41	42	43	44		51	52	53	54	55

1	2	3	4	5	6
6	6	6	6	6	6
6	6	6	6	6	6
6	6	6	6	6	6
6	6	6	6	6	6
6	6	6	6	6	6
6	6	6	6	6	6
6	6	6	6	6	6
6	6	6	6	6	6
6	6	6	6	6	6
6	6	6	6	6	6
61	62	63	64	65	66

1	2	3	4	5	6	7
7	7	7	7	7	7	7
7	7	7	7	7	7	7
7	7	7	7	7	7	7
7	7	7	7	7	7	7
7	7	7	7	7	7	7
7	7	7	7	7	7	7
7	7	7	7	7	7	7
7	7	7	7	7	7	7
7	7	7	7	7	7	7
7	7	7	7	7	7	7
71	72	73	74	75	76	77

1	2	3	4	5	6	7	8
8	8	8	8	8	8	8	8
8	8	8	8	8	8	8	8
8	8	8	8	8	8	8	8
8	8	8	8	8	8	8	8
8	8	8	8	8	8	8	8
8	8	8	8	8	8	8	8
8	8	8	8	8	8	8	8
8	8	8	8	8	8	8	8
8	8	8	8	8	8	8	8
8	8	8	8	8	8	8	8
81	82	83	84	85	86	87	88

1	2	3	4	5	6	7	8	9
9	9	9	9	9	9	9	9	9
9	9	9	9	9	9	9	9	9
9	9	9	9	9	9	9	9	9
9	9	9	9	9	9	9	9	9
9	9	9	9	9	9	9	9	9
9	9	9	9	9	9	9	9	9
9	9	9	9	9	9	9	9	9
9	9	9	9	9	9	9	9	9
9	9	9	9	9	9	9	9	9
9	9	9	9	9	9	9	9	9
91	92	93	94	95	96	97	98	99

Les enfants apprennent par cœur toutes ces additions. On ne
passe à l'addition suivante que lorsque la précédente est bien sue.
C'est alors qu'on les exerce à la soustraction en remontant du
dernier nombre au premier.

Lorsque dans cet ouvrage plusieurs exemples se suivent immédiatement, c'est que chacun d'eux offre un cas particulier à étu-
dier. Le professeur ne manquera pas d'en préparer d'avance trois
ou quatre autres analogues, qu'il fera expliquer au tableau après
l'exemple du livre et avant de passer au suivant.

Dans les premières études on glissera rapidement sur les règles du système de numération ; mais on aura soin de multiplier les exercices de lecture et d'écriture des nombres.

Il est utile d'apprendre à la lettre l'énoncé d'une règle, dès qu'on sait la mettre en pratique. Les règles nous enseignent à procéder avec ordre et à nous rendre compte de la marche que nous suivons dans les calculs. On doit faire prendre, à l'élève, l'habitude d'annoncer ce qu'il va faire quand il calcule à haute voix. Mais c'est en résolvant un grand nombre de questions sur les arts, le commerce, le mouvement de l'argent, etc., qu'on arrive à une connaissance pratique et durable de l'arithmétique. Le maître ne se contentera donc pas des exercices indiqués dans les leçons, il les variera de toutes manières, il composera des problèmes sur le modèle de ceux qu'elles renferment, ou il recourra aux recueils qu'en ont publiés plusieurs auteurs. Enfin il ne faut pas oublier de faire la preuve ou la vérification des résultats auxquels on arrive ; nous aimons naturellement la vérité ; et le plaisir de l'avoir découverte est une première récompense du travail qui la donne, et en même temps un aiguillon qui nous excite à la chercher encore.

On a mis en usage les signes $+$, $-$, $=$, etc., parce qu'ils rendent sensible la marche du calcul et préparent à l'étude des parties de la science où leur emploi est continuel.

Quand le maître verra les élèves calculer sans hésitation, il pourra donner quelque démonstration simple des règles générales. Par exemple pour l'addition : le total est tel puisqu'il renferme toutes les unités, toutes les dizaines, etc., en un mot, toutes les parties des nombres à additionner. Pour la soustraction, la différence est exacte puisque nous avons successivement retranché toutes les unités, dizaines, etc., en un mot, toutes les parties du nombre à soustraire.

En demander davantage à l'intelligence des enfants, c'est n'en pas connaître la portée ; c'est les fatiguer sans fruit, les dégoûter, souvent pour toujours, des mathématiques. Leurs préjugés et leurs répugnances ne viennent que d'une mauvaise direction au début de leurs études ; ils tomberont quand les parents et les premiers maîtres, réfléchissant sur la formation naturelle des idées des nombres, en déduiront la marche qu'ils doivent suivre dans leur enseignement.

Les chiffres appelés *romains* sont beaucoup moins commodes que les chiffres ordinaires ; mais comme on s'en sert quelquefois, il est nécessaire de les connaitre. On les voit ci-dessous avec leur valeur.

I vaut 1 ; V vaut 5 ; X vaut 10 ; L vaut 50 ; C vaut 100 ; D vaut 500 ; IƆ ou M vaut 1000, etc.

Pour représenter les nombres au moyen de ces chiffres, on a établi les principes suivants : 1° un chiffre placé à la droite d'un autre égal à lui ou plus grand que lui, l'augmente de sa valeur ; 2° un chiffre placé à la gauche d'un autre plus grand que lui, le diminue de sa valeur ; 3° un chiffre placé entre deux autres plus grands que lui s'unit au chiffre de droite pour le diminuer de sa valeur. C'est d'après ces principes qu'on a formé le tableau suivant :

I	vaut	1	XXX	vaut	30	CXL	vaut	140
II	—	2	XXXIV	—	34	CL	—	150
III	—	3	XL	—	40	CC	—	200
IV	—	4	XLV	—	45	CCC	—	300
V	—	5	L	—	50	CD	—	400
VI	—	6	LI	—	51	D ou IƆ	—	500
VII	—	7	LV	—	55	DC	—	600
VIII	—	8	LX	—	60	DCCC	—	800
IX	—	9	LXX	—	70	CM	—	900
X	—	10	LXXIX	—	79	M ou CIƆ	—	1000
XI	—	11	LXXX	—	80	MC	—	1100
XIV	—	14	XC	—	90	MD	—	1500
XV	—	15	XCV	—	95	MM	—	2000
XVI	—	16	XCVI	—	96	IƆƆ	—	5000
XVIII	—	18	XCIX	—	99	IƆƆƆ	—	50000
XIX	—	19	C	—	100	CCCIƆƆƆ	—	100000
XX	—	20	CI	—	101	$\boxed{\text{X}}$	—	1000000
XXI	—	21	CV	—	105	$\boxed{\text{XVII}}$	—	1700000

PREMIÈRES LEÇONS

D'ARITHMÉTIQUE DÉCIMALE

NOMBRES ENTIERS.

PREMIÈRE LEÇON.

Définitions. Numération.

1. *D.* Qu'est-ce que l'arithmétique ?

R. L'arithmétique est la science des nombres.

D. Qu'est-ce qu'un nombre ?

R. Un nombre est une collection d'unités ; il se dit aussi de l'unité. Dans *trois soldats, cinq mètres de corde,* les mots *trois, cinq,* expriment des nombres.

2. *D.* Qu'est-ce qu'une unité ?

R. C'est tout objet qui est joint ou qui peut se joindre à des objets semblables pour former une collection ; ainsi dans trois soldats, cinq mètres de corde, *chaque soldat, chaque mètre* de corde est *une unité* qui sert à former les collections de soldats, de mètres de corde, dont il s'agit.

D. Comment les nombres se forment-ils ?

R. Les nombres se forment successivement de l'unité comme il suit : servons-nous de jetons pour exemple,

Je prends un jeton, j'ai le premier nombre. . . . .   *un.*

J'ajoute un jeton à ce premier, j'ai le nombre. . .   *deux.*

J'ajoute un jeton aux deux jetons, j'ai le nombre.   *trois.*

J'ajoute toujours un jeton au nombre précédent, j'ai les nombres successifs : *quatre, cinq, six, sept, huit, neuf, dix, onze, douze* jetons ; et ainsi de suite indéfiniment.

3. *D.* Qu'appelle-t-on *nombre entier ?*

R. On appelle *nombre entier* un nombre formé d'unités entières, comme dans *dix mètres de corde, cent oranges.*

4. *D.* Qu'appelle-t-on *fraction, nombre fractionnaire ?*

R. On appelle *fraction* une ou plusieurs *parties de l'unité :* une demi-page, trois quarts d'orange. On appelle *nombre fractionnaire* un nombre composé d'unités entières et de parties d'unités : trois pages un tiers, six oranges trois quarts ; on le dit encore d'une simple fraction : trois quarts d'heure (*).

D. Comment les fractions se forment-elles ?

R. Elles se forment successivement de l'unité comme il suit :

Je divise un jeton en deux parties égales, chacune est un *demi.*

Je divise un jeton en trois parties égales, chacune est un *tiers.*

Je divise toujours en un nombre plus grand d'une unité et j'ai successivement pour chaque partie les fractions *un quart, un cinquième, un sixième, un septième, un huitième, un neuvième, un dixième, un onzième* de jeton, et ainsi de suite indéfiniment, en modifiant la terminaison des mots qui expriment les nombres entiers correspondants.

(*) Dans cette fraction *trois quarts d'heure*, chaque *quart* peut être regardé comme un *tout* distinct ; alors la *collection* de ces trois parties semblables forme le nombre trois ; de là l'extension du nom de *nombre fractionnaire* à une fraction.

On remarquera qu'une fraction est d'autant plus petite qu'on a divisé le jeton ou l'entier en un plus grand nombre de parties; et qu'en réunissant toutes les parties on retrouve l'entier, ainsi trois tiers d'orange donnent une orange, dix dixièmes de mètre donnent un mètre.

5. *D.* De quelles fractions se sert-on plus communément ?

R. On se sert plus communément des *fractions décimales*, c'est-à-dire de fractions dont les parties sont de dix fois en dix fois plus petites : on les appelle des dixièmes, des centièmes, des millièmes, etc., comme on l'expliquera plus loin.

6. *D.* De quelles quantités les nombres expriment-ils la grandeur?

R. 1° Les nombres expriment la grandeur de quantités composées d'unités distinctes : dix centimes, vingt oranges, mille soldats;

2° Ils donnent aussi la grandeur de quantités qui ne forment qu'un tout, et qu'on nomme pour cela *quantités continues :* cinq mètres de drap, trois kilogrammes de sucre, quatre heures de promenade.

D. Comment détermine-t-on la grandeur des quantités *continues* ou qui ne forment qu'un tout ?

R. La grandeur des quantités *continues* se détermine en les *mesurant.*

7. *D.* Qu'est-ce que *mesurer une quantité?*

R. Mesurer une quantité est la comparer à une autre grandeur fixe de même nature et déterminer combien de fois et de parties de fois elle renferme celle-ci. Par exemple, pour mesurer la longueur d'un mur, on porte le *mètre* sur cette longueur autant de fois qu'il est possible ; si on l'a porté douze fois sans reste, on dit que le mur a *douze mètres* de long. Si, en mesurant un morceau de drap, on ne porte le mètre que trois fois et quatre dixièmes de fois sur sa longueur, on dit qu'il a *trois mètres quatre décimètres* de long, le décimètre étant la dixième partie du mètre.

8. *D.* Comment appelle-t-on la grandeur déterminée qui sert à mesurer les quantités de même espèce ?

R. La grandeur déterminée qui sert à mesurer les autres grandeurs de même espèce se nomme UNITÉ DE MESURE, ou simplement UNITÉ, MESURE.

D. Quelles sont les principales *unités de mesure ?*

R. Les principales mesures sont :

Le mètre pour les longueurs ;

Le gramme pour les poids ;

Le litre pour les liquides, les grains ;

Le franc pour les monnaies (*).

9. *D.* A quoi servent les nombres ?

R. Les nombres servent à donner l'idée exacte des grandeurs comme lorsqu'on dit : une troupe de cinquante soldats, une corde de dix mètres, un tonneau de deux cent vingt litres, une aumône de cent francs ; la flèche des Invalides a cent cinquante mètres de hauteur.

DEUXIÈME LEÇON.

Système de numération.

10. *D.* Qu'est-ce qu'un système de numération?

R. Un système de numération est une manière régulière et commode d'exprimer les nombres avec quelques mots et de les écrire avec quelques signes qu'on nomme *chiffres.*

(*) Il est utile que le maître montre aux élèves les mesures *qui ont l'unité de grandeur* et leur apprenne à s'en servir.

11. *D.* Avec quels mots exprime-t-on les nombres en usage ?

R. On se sert de vingt-quatre mots seulement pour les exprimer :

Un.	Neuf.	Vingt.
Deux.	Dix,	Trente.
Trois.	Onze.	Quarante.
Quatre.	Douze.	Cinquante.
Cinq.	Treize.	Soixante.
Six.	Quatorze.	Cent.
Sept.	Quinze.	Mille.
Huit.	Seize.	Million.

Si on avait à employer des nombres plus grands on se servirait des mots billions, trillions, etc.

12. *D.* Avec quels chiffres écrit-on les nombres ?

R. On écrit tous les nombres avec les dix chiffres suivants :

1, 2, 3, 4, 5, 6, 7, 8, 9, 0.

un, deux, trois, quatre, cinq, six, sept, huit, neuf, zéro.

Le dernier chiffre 0 n'a pas de valeur, il donne aux autres la place et par là la valeur qu'ils doivent avoir.

TABLEAU DES NOMBRES.

NOMBRES parlés.	écrits.	NOMBRES parlés.	écrits.
Un......................	1	Neuf...................	9
Deux.................	2	Dix ou une dizaine...	10
Trois.................	3	Onze................	11
Quatre.............	4	Douze.............	12
Cinq...............	5	Treize.............	13
Six................	6	Quatorze...........	14
Sept..............	7	Quinze.............	15
Huit..............	8	Seize..............	16

NOMBRES parlés.	écrits.	NOMBRES parlés.	écrits.
Dix-sept	17	Quarante-six	46
Dix-huit	18	Quarante-sept	47
Dix-neuf	19	Quarante-huit	48
Vingt ou deux dizaines.	20	Quarante-neuf	49
Vingt-un	21	Cinquante ou cinq dizaines.	50
Vingt-deux	22	Cinquante-un	51
Vingt-trois	23	Cinquante-deux	52
Vingt-quatre	24	Cinquante-trois	53
Vingt-cinq	25	Cinquante-quatre	54
Vingt-six	26	Cinquante-cinq	55
Vingt-sept	27	Cinquante-six	56
Vingt-huit	28	Cinquante-sept	57
Vingt-neuf	29	Cinquante-huit	58
Trente ou trois dizaines.	30	Cinquante-neuf	59
Trente-un	31	Soixante ou six dizaines.	60
Trente-deux	32	Soixante-un	61
Trente-trois	33	Soixante-deux	62
Trente-quatre	34	Soixante-trois	63
Trente-cinq	35	Soixante-quatre	64
Trente-six	36	Soixante-cinq	65
Trente-sept	37	Soixante-six	66
Trente-huit	38	Soixante-sept	67
Trente-neuf	39	Soixante-huit	68
Quarante ou quatre dizaines.	40	Soixante-neuf	69
Quarante-un	41	Soixante-dix ou sept dizaines.	70
Quarante-deux	42	Soixante-onze	71
Quarante-trois	43	Soixante-douze	72
Quarante-quatre	44	Soixante-treize	73
Quarante-cinq	45		

NOMBRES parlés.	écrits.	NOMBRES parlés.	écrits.
Soixante-quatorze....	74	Quatre-vingt-dix-sept..	97
Soixante-quinze......	75	Quatre-vingt-dix-huit.	98
Soixante-seize.......	76	Quatre-vingt-dix-neuf.	99
Soixante-dix-sept.....	77	Cent ou une centaine ou dix dizaines....	100
Soixante-dix-huit.....	78	Deux cents.........	200
Soixante-dix-neuf....	79	Trois cents.........	300
Quatre-vingts ou huit dizaines..........	80	Quatre cents........	400
Quatre-vingt-un......	81	Cinq cents..........	500
Quatre-vingt-deux....	82	Six cents...........	600
Quatre-vingt-trois....	83	Sept cents..........	700
Quatre-vingt-quatre...	84	Huit cents..........	800
Quatre-vingt-cinq....	85	Neuf cents..........	900
Quatre-vingt-six.....	86	Mille ou dix centaines.	1000
Quatre-vingt-sept.....	87	Deux mille.........	2000
Quatre-vingt-huit....	88	Trois mille.........	3000
Quatre-vingt-neuf....	89	Quatre mille........	4000
Quatre – vingt – dix ou neuf dizaines......	90	Cinq mille..........	5000
		Six mille...........	6000
Quatre-vingt-onze....	91	Sept mille..........	7000
Quatre-vingt-douze...	92	Huit mille..........	8000
Quatre-vingt-treize...	93	Neuf mille..........	9000
Quatre-vingt-quatorze.	94	Dix mille..........10000	
Quatre-vingt-quinze..	95	Cent mille........100000	
Quatre-vingt-seize....	96	Cinq cent mille.....500000	

NOMBRES parlés.	écrits.
Million ou dix centaines de mille.....	1000000
Dix millions.................	10000000
Cent millions.................	100000000

NOMBRES

parlés.	écrits.
Billion ou dix centaines de millions	1000000000
Dix billions. . , ...	10000000000
Cent billions	100000000000
Trillion ou dix centaines de billions. . . .	1000000000000
Trois cent quarante-un.	341
Deux *mille* cinq cent dix-sept.	2517
Trente *mille* cinq cent seize.	30516
Deux cent huit *mille* neuf cent quatre. . . .	208904
Trente *millions* cent quarante *mille* cin-quante.	30140050
Trois cent quarante-cinq *millions* deux cent soixante-seize *mille* huit.	345276008
Deux *billions* huit cent soixante-quatre *mil-lions* quatre cent trente-un *mille* cinq cent quatre-vingt-dix-sept	2864431597
Trente *billions* cinq cent *mille* quarante. . .	30000500040
Cinq cent quatre *billions* deux *millions* cent.	504002000100

13. Que faut-il remarquer dans le TABLEAU DES NOMBRES sur leur formation (*) ?

R. Il faut remarquer dans le TABLEAU cette *loi fondamentale de la formation des nombres :*

Dix unités d'un ordre quelconque composent une unité de l'ordre immédiatement supérieur.

Dix unités simples. . . forment	une dizaine d'unités simples.
Dix dizaines.	une centaine.
Dix centaines.	un mille.
Dix mille.	une dizaine de mille.

(*) *Voy.* la Préface touchant ces questions.

Dix dizaines de mille. forment une centaine de mille.
Dix centaines de mille. un million.
Dix millions. . . . . . une dizaine de millions.
Dix dizaines de millions. une centaine de millions.

  Et ainsi de suite.

Cette loi nous montre comment DIX *est la base de notre système de numération* et pourquoi il est appelé SYSTÈME DÉCIMAL.

Ces divers ordres forment le tableau suivant :

1er ORDRE Unités simples.
2e Dizaines.
3e Centaines.
4e Mille.
5e Dizaines de mille.
6e Centaines de mille.
7e Millions.
8e Dizaines de millions.
9e Centaines de millions.
10e Billions.
11e Dizaines de billions.
12e Centaines de billions.
13e Trillions.
14e Dizaines de trillions.

  Et ainsi de suite.

14. *D.* Que nous apprend le TABLEAU DES NOMBRES sur la dénomination des nombres compris entre *deux unités consécutives d'un ordre supérieur quelconque ?*

R. Les nombres qui sont compris entre *deux unités consécutives d'ordre supérieur* s'expriment en ajoutant successivement au nom de la première des deux unités les nombres qui précèdent cet ordre.

EXEMPLES. **Les neuf nombres**, compris entre **3 dizaines**

  1.

(trente) et 4 dizaines (quarante), se nomment : trente-un, trente-deux, etc., trente-neuf.

Les quatre-vingt-dix-neuf nombres, compris entre six cents et sept cents, se nomment : six cent un, six cent deux, etc., six cent quatre-vingt-dix-neuf.

Les neuf cent quatre-vingt-dix-neuf nombres, compris entre cent douze mille et cent treize mille, se nomment : cent douze mille un, cent douze mille deux, etc., cent douze mille neuf cent quatre-vingt-dix-neuf.

Et ainsi de tous les autres cas.

D. Quelles exceptions voyons-nous à cette nomenclature dans le TABLEAU DES NOMBRES ?

R. Nous voyons qu'on a donné aux huit dizaines comprises entre dix et cent les noms suivants :

Vingt, trente, quarante, cinquante, soixante, soixante-dix, quatre-vingts, quatre-vingt-dix (*).

On a encore donné un nom particulier aux six nombres qui suivent dix, savoir :

Onze, douze, treize, quatorze, quinze, seize (**).

15. *D.* Que faut-il remarquer dans le TABLEAU DES ORDRES D'UNITÉS que nous venons de former ?

R. Le TABLEAU DES ORDRES D'UNITÉS, comme celui des nombres, nous fait voir clairement que les divers ordres d'unités

---

(*) La régularité demanderait les mots : *unante, duante, trante, septante, octante, nonante.*

(**) La régularité demanderait qu'on dît : dix-un, dix-deux, dix-trois, dix-quatre, dix-cinq, dix-six. On pourrait se borner dans la nomenclature aux mots : un, deux, trois, quatre, cinq, six, sept, huit, neuf, dix, cent, mille, million, billion, etc., en disant, par exemple, trois dix cinq comme on dit trois cent cinq, etc. Alors *treize mots* suffiraient pour exprimer les nombres jusqu'aux millions inclusivement.

se partagent régulièrement par *classes de trois ordres d'unités*
et que chaque classe prend le nom de ses plus faibles unités :

1re CLASSE :   Centaines, dizaines, unités d'*unités* simples.
2e   Centaines, dizaines, unités de *mille.*
3e   Centaines, dizaines, unités de *millions.*
4e   Centaines, dizaines, unités de *billions.*
Etc.

Chaque classe renferme neuf cent quatre-vingt-dix-neuf de
ses unités propres, ou jusqu'à neuf centaines, neuf dizaines,
neuf unités de ses unités. Une classe est *complète* dans un
nombre lorsqu'il renferme à la fois des centaines, des dizaines,
des unités de cette classe ; elle est *incomplète* dans le cas
contraire : ainsi, dans le nombre vingt-deux *mille* cent trente-
cinq unités, la classe des *unités* est complète, mais la classe
des mille est *incomplète,* parce qu'elle ne renferme pas de
centaines de mille. Cette disposition est simple, elle diminue le
nombre des mots de la nomenclature, et elle sert à énoncer et à
écrire les nombres avec facilité. Mais son utilité se borne là ;
parce que dès que les nombres sont écrits, il n'y a plus à considérer que les unités des divers ordres comme étant dix fois
plus grandes les unes que les autres.

16. *D.* Que faut-il remarquer dans le TABLEAU DES
NOMBRES sur la disposition des chiffres dans les nombres ?

R. Il faut remarquer que c'est toujours immédiatement à
la gauche d'un chiffre que se place le chiffre de l'*ordre supérieur,* c'est-à-dire dont les unités sont dix fois plus grandes.

Le 1er chiffre exprime les unités d'unités simples et répond
     au . . . . 1er ORDRE.
Le 2e chiffre exprime les dizaines d'unités
     simples et répond au. . . . . 2e ORDRE.

Le 3ᵉ chiffre exprime les centaines d'unités
    simples et répond au. . . . .   3ᵉ ORDRE.

Le 4ᵉ chiffre exprime les unités de mille et
    répond au. . . . .   4ᵉ ORDRE.

Le 5ᵉ chiffre exprime les dizaines de mille et
    répond au. . . . .   5ᵉ ORDRE.

Le 6ᵉ chiffre exprime les centaines de mille et
    répond au. . . . .   6ᵉ ORDRE.

Le 7ᵉ chiffre exprime les unités de millions et
    répond au. . . . .   7ᵉ ORDRE.

Le 8ᵉ chiffre exprime les dizaines de millions
    et répond au. . . . .   8ᵉ ORDRE.

Le 9ᵉ chiffre exprime les centaines de millions
    et répond au. . . . .   9ᵉ ORDRE.

Le 10ᵉ chiffre exprime les unités de billions et
    répond au. . . . . 10ᵉ ORDRE.

Le 11ᵉ chiffre exprime les dizaines de billions
    et répond au. . . . . 11ᵉ ORDRE.

Le 12ᵉ chiffre exprime les centaines de billions
    et répond au. . . . . . , ... 12ᵉ ORDRE.

Et ainsi de suite.

Voilà comment quelques chiffres suffisent pour écrire tous les nombres imaginables.

17. *D.* Que faut-il remarquer dans le TABLEAU DES NOMBRES sur le chiffre 0 ?

R. Il faut remarquer que le chiffre 0 n'a aucune valeur, il ne sert qu'à donner aux chiffres qui sont à sa gauche le rang que leur valeur exige : ainsi dans 60 le chiffre 0 donne au chiffre 6 la valeur d'unités de dizaines ; et dans 605 il sert à donner la valeur d'unités de centaines.

18. *D.* Combien les chiffres, zéro excepté, ont-ils de valeurs ?

R. Tout chiffre, zéro excepté, qui n'est pas le premier à droite, a deux valeurs : une *valeur absolue* et une *valeur relative* ou due à sa place.

Prenons le TABLEAU DES NOMBRES : Dans 20, 2 a pour *valeur absolue* DEUX, mais qui valent deux unités de dizaines par sa *valeur relative*, ce qui donne VINGT.

Dans 3000, 3 a pour *valeur absolue* TROIS, mais qui valent trois unités de mille par sa *valeur relative*, ce qui donne TROIS MILLE.

Dans 341, 1 a la *valeur absolue*, un ; sans autre valeur.

> 4 a la *valeur absolue*, quatre et une *valeur relative* de dizaine ; d'où 40.

> 3 a la *valeur absolue*, trois, et une *valeur relative* de centaine ; d'où 300.

Ce qui donne le nombre trois cent quarante-un, en réunissant les diverses parties.

Le tableau suivant donne le système de numération sous un seul coup d'œil, et il rend faciles la lecture et l'écriture des nombres :

TABLEAU DE NUMÉRATION.														
ORDRE. .	15ᵉ	14ᵉ	13ᵉ	12ᵉ	11ᵉ	10ᵉ	9ᵉ	8ᵉ	7ᵉ	6ᵉ	5ᵉ	4ᵉ	3ᵉ 2ᵉ 1ᵉʳ
	centaines	dizaines	unités	centaines	dizaines	unités	centaines	dizaines	unités	centaines	dizaines	unités	centaines dizaines unités
	trillions.			billions.			millions.			mille.			unités.
CLASSE. .	Vᵉ			IVᵉ			IIIᵉ			IIᵉ			Iʳᵉ

TROISIÈME LEÇON.

Lecture et écriture des nombres.

LECTURE DES NOMBRES ÉCRITS EN CHIFFRES.

10. *D.* Lisez le nombre 247.

R. Le 7 représente sept unités simples,
Le 4   quatre dizaines (quarante),
Le 2   deux centaines (deux cents);

Je lirai donc : deux cent quarante-sept, en réunissant toutes les parties du nombre donné, et commençant par les unités d'ordre supérieur.

D. Lisez le nombre 207.

R. Comme il n'y a pas de dizaines, puisque 0 en est le chiffre, je lirai : deux cent sept, sans énoncer de dizaines.

D. Lisez un nombre de plus de trois chiffres, par exemple, 21054000813.

R. Je divise ce nombre en tranches de trois chiffres à partir de la droite, comme il suit :

$$21 \mid 054 \mid 000 \mid 813$$

billions.   millions.   mille.   unités.

Et je lis de gauche à droite comme si chaque tranche était seule :

21 billions 54 millions 813.

Je passe la tranche des mille parce qu'elle ne renferme que des zéros.

REMARQUE. On voit que chaque tranche successive correspond à chaque classe successive d'unités, de mille, de millions, etc.

D. Quelle est la règle générale pour énoncer un nombre écrit en chiffres ?

R. Pour énoncer un nombre écrit en chiffres, il faut :

1° Le partager en tranches de trois chiffres en allant d droite à gauche, la dernière tranche pouvant n'avoir qu'un ou deux chiffres ;

2° Énoncer chaque tranche comme si elle était seule, en allant de gauche à droite ;

3° Ajouter après les unités de la tranche le nom qui lui est propre ;

4° Omettre les tranches qui ne renferment que des zéros.

ÉCRITURE EN CHIFFRES DES NOMBRES DONNÉS EN TOUTES LETTRES.

20. *D.* Écrivez en chiffres le nombre trois cent quarante-huit.

R. Comme ce nombre contient des centaines, dizaines et unités, je l'écris immédiatement comme on l'énonce, en commençant par la gauche,

348.

On voit que chaque chiffre y a sa *valeur relative.*

D. Écrivez en chiffres le nombre trois cent huit.

R. Comme il n'y a pas de dizaines je mettrai 0 pour en tenir lieu, et j'écrirai immédiatement

308.

On voit que chaque chiffre y a sa *valeur relative.*

D. Écrivez un nombre qui renferme plus de trois chiffre par exemple, cinq mille quarante-huit.

R. Nous aurons deux tranches, la tranche des *mille* qui est 5, et celle des *unités* qui sera 48, ou plutôt 048 parce qu'il n'y a pas de centaines et qu'il faut donner aux *mille le quatrième rang*. J'écris donc

$$5048.$$

On voit que chaque chiffre y a sa *valeur relative*.

D. Écrivez en chiffres le nombre trente-deux millions cinquante.

R. J'observe que

La tranche des millions est ...   32
    des mille.........   000
    des unités........   050

et j'écris à mesure qu'on l'énonce,

$$32000050.$$

On voit que chaque chiffre y occupe le rang que demande sa *valeur relative*.

D. Écrivez un nombre quelconque, par exemple, vingt-trois millions trente-sept mille cent deux.

R. J'observe que

La tranche des millions est........   23
    des mille.... 37 ou.....   037
    des unités............   102

Et j'écris immédiatement de gauche à droite,

$$23037102.$$

D. Quelle est la règle générale pour écrire en chiffres un nombre sous la dictée ?

R. Pour écrire un nombre sous la dictée, il faut, en commençant par la gauche, écrire successivement les unes à côté des autres, les centaines, dizaines et unités de chaque tranche à mesure qu'on l'énonce, comme si elle était seule.

Remplacer par des zéros les centaines, dizaines et unités qui manqueraient dans l'énoncé de la tranche qu'on écrit. La première tranche, qui est à gauche, peut seule n'avoir qu'un ou deux chiffres ; les autres en ont toujours trois.

21. *D.* Comment croît ou décroît un nombre quand on place ou qu'on supprime à sa droite 1 ou 2 ou 3 zéros... ?

R. Quand on place à la droite d'un nombre

1 zéro, il devient 10 fois plus grand, ainsi 3 devient trente, dans.............................. 30

2 zéros, il devient 100 fois plus grand, ainsi 3 devient trois cents, dans................. 300

3 zéros, il devient 1000 fois plus grand, ainsi 3 devient trois mille, dans................. 3000

Au contraire, un nombre devient 10 fois, 100 fois, 1000 fois..., plus petit quand on supprime à sa droite 1 ou 2 ou 3 zéros... comme on le voit dans les mêmes nombres considérés en sens inverse :

3000, 300, 30, 3.

D. Qu'est-ce que calculer ?

R. Calculer est faire diverses opérations sur les nombres. Les opérations principales sont l'addition, la soustraction, la multiplication et la division. Nous allons les faire connaître successivement.

Exercices.

Réciter et copier des suites de nombres, de 1 à 60, de 80 à 140, de 250 à 310, etc.

Écrire en chiffres des nombres de toutes valeurs à mesure que le professeur les énonce.

Lire toute espèce de nombre à mesure que le professeur les écrit.

QUATRIÈME LEÇON.

Addition.

22. *D.* Qu'est-ce que l'ADDITION ?

R. L'ADDITION est un opération par laquelle on réunit plusieurs nombres de la même espèce en un seul qu'on appelle SOMME ou TOTAL.

Ainsi 3 oranges ajoutées à 5 oranges donnent 8 oranges. 8 est la *somme* ou le *total* de 3 et de 5.

D. Pourquoi parle-t-on de nombres de la même espèce ?

R. Parce que l'on ne peut réunir en un seul des nombres d'espèce différente, par exemple, des oranges et des mètres de toile.

REMARQUE. Les nombres de la même espèce sont ceux dont les unités portent le même nom.

23. *D.* Par quel signe indique-t-on l'addition ?

R. L'addition s'indique par le signe $+$ placé entre les nombres. Il se prononce *plus*. L'égalité s'indique par le signe $=$ qui se prononce *égal*.

L'addition précédente est représentée de cette manière :

$$3 + 5 = 8$$

Et se lit   3 *plus* 5 *égale* 8.

24. *D.* Comment trouve-t-on la somme des nombres d'un seul chiffre ?

R. 1° La *somme* de deux nombres d'un seul chiffre est indiquée dans la table d'addition, page VIII.

2° Prenons pour exemples de plus de deux nombres les additions suivantes :

1	7	2	3	7
2	8	4	5	7
3	9	6	7	8
4	6	8	9	8
5	5	6	9	9
8	3	2	7	9
Sommes 23	38	28	40	48

La première colonne donne :

1 et 2 font 3 ; 3 et 3 font 6 ; 6 et 4 font 10 ; 10 et 5 font 15 ; 15 et 8 font 23.

23 est la somme cherchée.

La deuxième colonne donne :

7 et 8 font 15 ; 15 et 9 font 24 ; 24 et 6 font 30 ; 30 et 5 font 35 et 3 font 38.

38 est la somme demandée.

Et ainsi des autres.

25. *D.* Comment calcule-t-on la somme de plusieurs nombres quelconques ?

1er EXEMPLE. *R.* Soient à additionner les nombres 221, 312, 8002, 9263.

On les place l'un sous l'autre de manière que les chiffres de *même ordre* soient dans une même colonne verticale, unités sous unités, dizaines sous dizaines, etc. ; puis on tire un trait horizontal sous le dernier nombre pour le séparer de la *somme*, comme il suit :

$$\begin{array}{r} 221 \\ 312 \\ 8002 \\ 9263 \\ \hline \end{array}$$

Somme   17798

On calcule ensuite séparément chaque colonne verticale en commençant par la droite :

1 et 2 font 3 ; 3 et 2 font 5 ; 5 et 3 font 8.

8 est la somme des *unités* qu'on place au rang des *unités*.

On passe à la deuxième colonne :

2 et 1 font 3 ; on passe le 0 ; 3 et 6 font 9.

9 est la somme des *dizaines* qu'on place au rang des *di-zaines*.

On trouve pour la troisième colonne :

2 et 3 font 5 ; 5 et 2 font 7, en passant le 0.

7 est la somme des *centaines* qu'on place au rang des *cen-taines*.

La quatrième colonne donne :

9 et 8 font 17.

17 est la somme des *mille*, on écrit 7 au rang des mille et 1 à sa gauche.

La somme totale est 17798.

2ᵉ EXEMPLE. Soient à additionner les nombres suivants : 5639, 12, 943, 7801.

On les place comme dans l'exemple précédent:

$$
\begin{array}{r}
5639 \\
12 \\
943 \\
7801 \\
\hline
\end{array}
$$

Somme   14395

Et on commence l'addition par la droite en disant :

9 et 2 font 11 et 3 font 14 et 1 font 15, je pose 5 au rang des *unités* et je retiens 1.

1 de retenue et 3 font 4 et 1 font 5 et 4 font 9 (je passe 0), je pose 9 au rang des *dizaines*.

6 et 9 font 15 et 8 font 23, je pose 3 au rang des *centaines* et je retiens 2.

2 de retenue et 5 font 7 et 7 font 14 que j'écris à sa place. La somme est 14395.

3e EXEMPLE. Soient à additionner les nombres suivants :

$$7640695$$
$$91310$$
$$155672$$
$$98465$$
$$14258$$

Somme 8000400

Commençant par la droite, on dit :

5 et 2 font 7 et 5 font 12 et 8 font 20.

On pose 0 à la colonne des unités et on *reporte* 2 à celle des dizaines.

2 de retenue et 9 font 11 et 1 font 12 et 7 font 19 et 6 font 25 et 5 font 30.

On pose 0 à la colonne des dizaines et on *reporte* 3 à celle des centaines.

On continue de la même manière, et on trouve pour somme 8000400.

D. Quelle est la règle générale pour additionner plusieurs nombres ?

R. Pour additionner plusieurs nombres il faut :

1° Les écrire en mettant les chiffres de même ordre les uns sous les autres, les unités sous les unités, les dizaines sous les dizaines, etc., et tirer un trait par-dessous ;

2° Additionner successivement en commençant par la droite les chiffres contenus dans chaque colonne ;

3° Écrire les unités de cette somme sous cette colonne et ajouter les dizaines, s'il y en a, à la colonne suivante.

On pose la dernière somme telle qu'elle est.

D. Pourquoi commence-t-on l'addition par la droite ?

R. On commence l'addition par la droite à cause des *retenues des sommes partielles* qu'il faut porter *aux colonnes de gauche*.

26. *D*. Qu'entend-on par *preuve* d'une opération ?

R. La preuve d'une opération est une autre opération qui sert à montrer que la première a été bien faite.

D. Comment fait-on la *preuve* de l'addition ?

R. On fait ordinairement la preuve de l'addition en recommençant en sens contraire. Si on a d'abord additionné les colonnes des nombres de haut en bas, on recommence l'addition de bas en haut. Quand la somme est la même, il est très-probable que l'addition a été bien faite.

Exercices.

3657	48	3040507	3
8054	123456	908050	40
9999	974	30705	700
7286	56012	9080	2000
5435	891540	406	80000
34431	1072030	3988748	82743

CINQUIÈME LEÇON.

Soustraction.

27. *D.* Qu'est-ce que la SOUSTRACTION ?

R. La SOUSTRACTION est une opération par laquelle on retranche un nombre d'un autre nombre de la même espèce pour en connaître la DIFFÉRENCE qui s'appelle aussi RESTE ou EXCÈS.

Ainsi, 3 francs retranchés de 5 francs donnent 2 francs pour *différence* ou pour *reste,* ou encore pour *excès* de 5 francs sur 3 francs.

D. Pourquoi parle-t-on de nombres de la même espèce ?

R. Parce qu'on ne peut retrancher l'un de l'autre des nombres d'espèce ou de nom différent, par exemple, des francs de mètres de toile.

D. Par quel signe indique-t-on la soustraction ?

R. La soustraction s'indique par le signe — placé entre les deux nombres. Il se prononce *moins.*

La soustraction précédente est représentée de cette manière :

$$5 - 3 = 2$$

Et se lit   5 *moins* 3 *égale* 2.

D. Quelle est la propriété essentielle du *reste?*

R. C'est que le *reste* ajouté au plus petit nombre donne le plus grand nombre.

Ainsi le *reste* 2 francs ajouté à 3 francs donne 5 francs.

28. *D.* Comment trouve-t-on le reste de deux nombres dont l'un ne dépasse pas 9 et l'autre 18?

R. Le reste de deux nombres qui ne dépassent pas l'un 9 et l'autre 18 est donné par la table d'addition, page VIII. On cherche dans la case du plus petit nombre quelle est la ligne horizontale où se trouvent à la fois les deux nombres donnés, le troisième nombre qu'elle contient est leur *reste*. Ainsi, pour savoir le *reste* de 16 à 9, je regarde dans la case des 9, j'y vois sur une ligne horizontale 9 — 7 — 16 ; le reste est 7.

29. *D.* Comment calcule-t-on la différence de deux nombres de plusieurs chiffres ?

1ᵉʳ EXEMPLE. *R.* Soit à soustraire 4305 de 29687.

On place le plus petit nombre sous le plus grand, de manière que les chiffres de *même ordre* soient l'un sous l'autre, unités sous unités, dizaines sous dizaines, etc. ; puis on tire un trait sous le plus petit nombre pour le séparer du *reste*, comme il suit :

$$
\begin{array}{r}
29687 \\
4305 \\
\hline
\end{array}
$$

Reste   25382

On retranche ensuite le chiffre inférieur du chiffre supérieur, à commencer par la droite, en disant :

5 ôtés de 7, il reste 2, qu'on écrit sous 5,   2,
0 ôté   de 8, il reste 8,   0,
3 ôtés de 6, il reste 3,   3,
4 ôtés de 9, il reste 5,   3;

Et posant ensuite le chiffre 2, duquel il n'y a rien à ôter, le reste 25382 marque *l'excès* du plus grand des deux nombres donnés.

Exercices.

8576	6437	18045	24005361
8150	2135	9041	3005300
426	4302	9004	21000061

30. *D.* Comment opérer la soustraction quand le chiffre inférieur est plus grand que le chiffre supérieur?

R. On ajoute par la pensée 10 unités au chiffre supérieur, et on diminue en même temps par la pensée d'une unité le chiffre placé à sa gauche, c'est ce qu'on appelle *lui emprunter une unité.* Cette unité en vaut dix par rapport au chiffre de droite (16) : c'est le principe des opérations suivantes.

2ᵉ EXEMPLE. Soit à soustraire 5291 de 79527.

$$
\begin{array}{rr}
\text{De} & 79527 \\
\text{Otez} & 5291 \\
\hline
\text{Reste} & 74236
\end{array}
$$

Je dis :

> 1 ôté de 7, il reste 6, que j'écris sous 1,
>
> 9 ôtés de 2, il ne se peut; j'ajoute 10 à 2 et j'ai 12,
>
> 9 ôtés de 12, il reste 3, que j'écris sous 9,
>
> 2 ôtés non pas de 5, car je viens d'emprunter
>   1 à 5; mais
>
> 2 ôtés de 4, il reste 2, que j'écris sous 2,
>
> 5 ôtés de 9, il reste 4, que j'écris sous 5.
>   Je pose 7.

Le reste, 74236, indique l'excès du premier nombre sur le second.

Exercices.

83451	12470	86532	65083
64037	5082	77635	34577
19414	7388	8897	30506

SIXIÈME LEÇON.

Suite de la soustraction.

31. *D.* Comment opérer la soustraction quand 0 est le chiffre sur lequel il faut *emprunter ?*

R. On ajoute par la pensée 9 à 0, et on emprunte au chiffre qui est à sa gauche.

3ᵉ EXEMPLE. Soit à soustraire 23451 de 57038.

$$
\begin{array}{lr}
\text{De} & 57038 \\
\text{Otez} & 23451 \\
\hline
\text{Reste} & 33587
\end{array}
$$

Je dis : 1 ôté de   8, il reste 7,

      5 ôtés de   3, il ne se peut, j'ajoute 10 à 3, ce qui fait 13,

      5 ôtés de 13, il reste 8,

      4 ôtés de   9, il reste 5, en ajoutant 9 à 0,

      3 ôtés de   6, il reste 3, car j'ai emprunté 4 à 7,

      2 ôtés de   5, il reste 3.

Le reste est 33587.

Exercices.

34507	10895	43106	82404
24359	7996	31047	71456
10148	2899	12059	10948

D. Comment soustraire, lorsqu'il y a plusieurs zéros de suite au plus grand nombre ?

R. S'il y a plusieurs zéros de suite on ajoute 9 à chacun

d'eux par la pensée, et on emprunte *une* unité au premier chiffre significatif de leur gauche.

4ᵉ EXEMPLE. Soit à soustraire 429685 de 3500075.

$$
\begin{array}{lr}
\text{De} & 3500075 \\
\text{Otez} & 429685 \\
\hline
\text{Reste} & 3070390
\end{array}
$$

Je dis : 5 ôtés de 5, il reste 0,
       8 ôtés de 17, il reste 9, en ajoutant 10 à 7,
       6 ôtés de 9, il reste 3, en ajoutant 9 à 0,
       9 ôtés de 9, il reste 0,   id.
       2 ôtés de 9, il reste 7,   id.
       4 ôtés de 4, il reste 0, on a emprunté à 5.
       J'abaisse 3.
Le reste est 3070390.

32. *D.* De quelle manière opère-t-on communément la soustraction dans la division, lorsque le chiffre supérieur est plus petit que le chiffre inférieur ?

R. Au lieu de diminuer le chiffre supérieur de gauche on augmente le chiffre inférieur de gauche ; ce qui est plus commode (*).

Reprenons les deux exemples précédents.

3ᵉ EXEMPLE.
$$
\begin{array}{lr}
\text{De} & 57038 \\
\text{Otez} & 23451 \\
\hline
\text{Reste} & 33587
\end{array}
$$

(*) Dans ce procédé on ajoute successivement la même quantité au nombre supérieur et au nombre inférieur ; le *reste* n'en est pas altéré, parce que ces deux nombres se détruisent par la soustraction. Ainsi dans le *troisième exemple* on ajoute 10 dizaines aux 3 dizaines du plus grand nombre, puis une centaine (valant 10 dizaines) aux 4 centaines du plus petit nombre.

Je dis : 1 ôté de 8, il reste 7,
            5 ôtés de 13, il reste 8, en ajoutant 10 à 3,
            4 et 1 de retenue,   5, en ajoutant 1 au chiffre in-
                férieur 6,
            5 ôtés de 10, il reste 5,
            3 et 1 de retenue,   4, en ajoutant 1 au chiffre
                inférieur 3,
            4 ôtés de 7, il reste 3,
            2 ôtés de 5, il reste 3.
Le reste est 33587.

4ᵉ EXEMPLE.   De   3500075
                   Otez   429685
                        ──────────
                   Reste 3070390

Je dis : 5 ôtés de 5, il reste 0,
            8 ôtés de 17, il reste 9, en ajoutant 10 à 7,
            6 et 1 de retenue,   7,
            7 ôtés de 10, il reste 3, en ajoutant 10 à 0,
            9 et 1 de retenue,   10,
          10 ôtés de 10, il reste 0, en ajoutant 10 à 0,
            2 et 1 de retenue,   3,
            3 ôtés de 10, il reste 7, en ajoutant 10 à 0,
            4 et 1 de retenue,   5,
            5 ôtés de 5, il reste   0.
               Je pose   3.
            Le reste est 3070390.

Exercices.

Opérer, d'après cette méthode, les autres soustractions in-
diquées.

D. Quelle est la règle générale pour soustraire un nombre
d'un autre nombre ?

R. Pour soustraire un nombre d'un autre nombre, il faut :

1° Écrire le plus petit sous le plus grand, en mettant les chiffres de même ordre les uns sous les autres, les unités sous les unités, les dizaines sous les dizaines, etc., et tirer un trait par-dessous ;

2° En commençant par la droite, retrancher dans chaque colonne le chiffre inférieur du supérieur, et écrire la différence sous la même colonne. Si cela n'est pas possible, on ajoute 10 au chiffre supérieur, et on retranche ; mais alors on ajoute 1 au chiffre inférieur de la colonne à gauche.

D. Pourquoi commence-t-on la soustraction par la droite ?

R. On commence la soustraction par la droite à cause des *emprunts* qui se font sur les *chiffres de gauche.*

33. *D.* Comment fait-on la preuve de la soustraction ?

R. La preuve de la soustraction se fait en ajoutant le *reste* au plus petit nombre : on doit retrouver le plus grand, si l'opération a été bien faite. Ainsi ayant trouvé 10 francs pour reste, après avoir soustrait 20 francs de 30 francs, j'additionne 10 et 20 ; leur somme 30 me donne lieu de croire que l'opération a été bien faite.

Soustraire de   79527
5294

Reste   74236

Somme   79527 pour preuve.

La somme du reste et du plus petit nombre reproduisant le plus grand, je regarde l'opération comme exacte.

Remarque. Ordinairement on n'écrit pas la somme à mesure qu'on la forme, mais on se contente de comparer successivement les chiffres qu'on obtient avec ceux du plus grand des deux nombres donnés.

Exercices.

Faire la preuve des soustractions précédentes.

34. *D.* Que remarquez-vous sur la nature de la soustraction ?

R. Je remarque que le plus grand nombre étant égal à la somme du plus petit nombre et du *reste*, on peut dire que la soustraction est une opération par laquelle, connaissant la *somme* de deux nombres et l'un d'eux, on détermine l'autre nombre.

SEPTIÈME LEÇON.

Multiplication. — Principes et règles.

35. *D.* Qu'est-ce que la MULTIPLICATION ?

R. La MULTIPLICATION, pour les nombres entiers, est une opération par laquelle on répète un nombre autant de fois qu'il y a d'unités dans un autre nombre. Le résultat se nomme PRODUIT.

Ainsi, multiplier 23 francs par 4, c'est répéter 23 francs 4 fois ; on peut le faire par une addition qui donne :

$$23 + 23 + 23 + 23 = 92 \text{ francs.}$$

D. Pourquoi ne pas se contenter de *l'addition* pour calculer le *produit* d'un nombre multiplié par un autre ?

R. Parce que l'opération serait trop longue, quand les nombres sont considérables.

Ainsi, dans la multiplication d'un nombre par 100, on aurait des colonnes de 100 chiffres de hauteur à additionner.

D. Comment appelle-t-on les nombres sur lesquels on opère dans la multiplication ?

R. Le nombre qu'on répète, ou qu'on multiplie, se nomme MULTIPLICANDE. Le nombre par lequel on multiplie se nomme MULTIPLICATEUR. L'un et l'autre se nomment FACTEURS. Dans l'exemple précédent 23 est le *multiplicande*, 4 est le *multiplicateur*, 92 est le *produit* ; 23 et 4 sont les deux *facteurs* du produit.

D. Par quel signe indique-t-on la multiplication ?

R. La multiplication s'indique par le signe $\times$ placé entre les deux nombres ; il se prononce *multiplié par*. La multiplication précédente est représentée de cette manière :

$$23 \times 4 = 92$$

Et se lit : 23 *multiplié par* 4 *égale* 92.

36. *D.* De quelle espèce sont les unités du produit ?

R. Le produit est toujours de même espèce que le multiplicande : ainsi, si on multiplie 30 jours par 10, c'est-à-dire si on répète 30 jours 10 fois, le produit n'exprimera que des jours.

37. *D.* Le produit change-t-il de valeur quand on prend le multiplicateur pour multiplicande, et *vice versa* ?

R. Non ; le produit ne change pas de valeur quand on prend le multiplicateur pour multiplicande et le multiplicande pour multiplicateur. Mais les unités du produit restent toujours de même espèce que celles du *multiplicande de la question proposée.*

On aura donc : 3 francs $\times$ 4 $= 4 \times 3 = 12$ francs.

38. *D.* Comment obtient-on le produit de deux nombres d'un seul chiffre ?

R. Le produit de deux nombres d'un seul chiffre est donné par la *table de multiplication* (page XII), qu'on doit savoir parfaitement de mémoire.

D. Qu'est-ce que la table de Pythagore ?

R. C'est la *table de multiplication* arrangée par Pythagore d'une manière abrégée et commode.

SENS HORIZONTAL.

1	2	3	4	5	6	7	8	9
2	4	6	8	10	12	14	16	18
3	6	9	12	15	18	21	24	27
4	8	12	16	20	24	28	32	36
5	10	15	20	25	30	35	40	45
6	12	18	24	30	36	42	48	54
7	14	21	28	35	42	49	56	63
8	16	24	32	40	48	56	64	72
9	18	27	36	45	54	63	72	81

(SENS VERTICAL.)

D. Comment forme-t-on cette table ?

R. On écrit dans la première *ligne horizontale* la suite des nombres de 1 à 9.

On forme ensuite chaque *ligne verticale* en ajoutant 8 fois de suite au nombre qu'on vient d'écrire, le chiffre qui se trouve en tête de la colonne. Prenons 3 pour exemple : on dira 3 + 3 donne 6, 6 s'écrira sous 3 ; puis 6 + 3 donne 9, 9 s'écrira sous 6 ; ensuite 9 + 3 donne 12, 12 s'écrira sous 9 ; et ainsi 8 fois de suite.

D. Comment trouve-t-on dans cette *table* le produit de deux nombres d'un seul chiffre ?

R. Si on veut, par exemple, le produit de 5 multiplié par

8, on cherche 5 *dans la première ligne horizontale;* puis l'on descend dans la colonne *verticale* commençant par 5, jusqu'au nombre qui se trouve dans la *ligne horizontale* commençant par 8 : ce nombre est 40. Le produit demandé est 40.

On a le même résultat, si on cherche 8 dans la première ligne horizontale; et si on descend dans la colonne verticale qui commence par 8, jusqu'au nombre de la ligne horizontale commençant par 5.

Ce qui montre que $5 \times 8 = 8 \times 5 = 40$.

39. *D.* Comment fait-on la multiplication d'un nombre de plusieurs chiffres par un nombre d'un seul chiffre?

1er EXEMPLE. *R.* Soit 862 à multiplier par 4.

Je place le multiplicateur sous les unités du multiplicande, et je tire un trait par-dessous pour séparer le multiplicateur du produit, comme il suit :

$$
\begin{array}{lr}
\text{Multiplicande} & 3102 \\
\text{Multiplicateur} & 4 \\
\hline
\text{Produit} & 12408
\end{array}
$$

Et je dis : 4 fois 2 font 8, je pose 8 aux unités du produit;
4 fois 0 font 0, je pose 0 aux dizaines du produit;
4 fois 1 font 4, je pose 4 aux centaines du prod.;
4 fois 3 font 12, je pose 12 au produit.

Le produit est 12408.

2e EXEMPLE. Soit à multiplier 87095 par 5.

$$
\begin{array}{lr}
\text{Multiplicande} & 87095 \\
\text{Multiplicateur} & 5 \\
\hline
\text{Produit} & 435475
\end{array}
$$

Je dis : 5 fois 5 font 25, je pose 5 et je retiens 2 ;
5 fois 9 font 45 et 2 de *retenue* font 47, je pose 7
et je retiens 4 ;

2.

5 fois 0 font 0 et 4 de *retenue* font 4, je pose 4 ;

5 fois 7 font 35, je pose 5 et je retiens 3 ;

5 fois 8 font 40 et 3 de *retenue* font 43, je pose 43.

Le produit est 435475.

Exercices.

6321	2468	7008850	16667
3	5	8	6
18963	12340	56070800	100002

D. Quelle est la règle générale pour multiplier un nombre de plusieurs chiffres par un nombre d'un seul chiffre ?

R. Pour multiplier un nombre quelconque par un autre d'un seul chiffre, il faut :

1° Écrire le multiplicateur sous les unités du multiplicande, et tirer un trait par-dessous ;

2° Multiplier chaque chiffre du multiplicande par le multiplicateur, en commençant par les unités ;

3° Écrire les unités de ce produit partiel sous le chiffre des unités du multiplicateur ; et ajouter les dizaines, s'il y en a, au produit suivant, qu'on place à gauche du précédent ;

4° Continuer ainsi jusqu'au dernier chiffre du multiplicande, et poser le dernier produit tel qu'il est.

HUITIÈME LEÇON.

Règles de la multiplication.

40. *D.* Comment fait-on la multiplication de deux nombres composés de plusieurs chiffres ?

R. Quand les deux facteurs ont plusieurs chiffres, on multiplie successivement le multiplicande par chaque chiffre du multiplicateur, et on additionne tous ces produits partiels pour avoir le produit total.

1ᵉʳ EXEMPLE. Soit à multiplier 793 par 325.

On place le multiplicateur 325 sous le multiplicande 793, unités sous unités, dizaines sous dizaines, etc., on tire un trait sous 325 et on opère comme il suit :

Multiplicande	793
Multiplicateur	325

3965	produit des unités
1586	produit des dizaines
2379	produit des centaines

Produit total	257725

1° Je multiplie par les 5 unités du multiplicateur :
   5 fois 3 font 15, je pose 5 et je retiens 1 ;
   5 fois 9 font 45 et 1 de *retenue* font 46, je pose 6 et je retiens 4 ;
   5 fois 7 font 35 et 4 de *retenue* font 39, je pose 39.

2° Je passe aux 2 dizaines du multiplicateur :
   2 fois 3 font 6, je pose 6 dans la colonne des dizaines ;
   2 fois 9 font 18, je pose 8 et je retiens 1 ;
   2 fois 7 font 14 et 1 de *retenue* 15, je pose 15.

3° Je passe aux 3 centaines du multiplicateur :
   3 fois 3 font 9, je pose 9 dans la colonne des centaines ;
   3 fois 9 font 27, je pose 7 et je retiens 2 ;
   3 fois 7 font 21 et 2 de *retenue* font 23, je pose 23.

Je tire une ligne horizontale et j'additionne tous les produits partiels, ce qui donne pour le produit demandé 257725.

2ᵉ EXEMPLE. Soit à multiplier 793

par   205

3965 produit des unités

15860   produit des centaines

Produit total   162565

1° Je multiplie par les 5 unités du multiplicateur :

5 fois 3 font 15, je pose 5 et je retiens 1 ;

5 fois 9 font 45 et 1 de *retenue* font 46, je pose 6 et je retiens 4 ;

5 fois 7 font 35 et 4 de *retenue* font 39, je pose 39.

2° Comme 0 est le chiffre des dizaines du multiplicateur, je pose 0 dans la colonne des dizaines au deuxième produit.

3° Je passe aux 2 centaines du multiplicateur :

2 fois 3 font 6, je pose 6 dans la colonne des centaines ;

2 fois 9 font 18, je pose 8 et je retiens 1 ;

2 fois 7 font 14 et 1 de *retenue* font 15, je pose 15.

Je tire un trait sous les deux produits et je les additionne, ce qui donne pour le produit total 162565.

Exercices.

4237	50408	2435578	820004
2950	30207	4005	30090
211850	352856	12177890	73800360
3813300	10081600	9742312000	24600120000
8474000	1512240000	9754489890	24673920360
12499150	1522674456		

D. Que faut-il remarquer sur la disposition des produits partiels dans les exercices précédents ?

R. On remarquera que des 0 sont placés à la droite des produits partiels d'ordre supérieur pour rendre leur addition plus facile; mais leurs valeurs ne sont pas changées parce que les places respectives de leurs chiffres restent les mêmes (18).

D. Quelle est la règle générale pour multiplier deux nombres entiers l'un par l'autre?

R. Pour multiplier deux nombres l'un par l'autre, il faut :

1° Écrire le multiplicateur sous le multiplicande, en mettant les unités sous les unités, les dizaines sous les dizaines, etc., et tirer un trait dessous ;

2° Multiplier successivement, en commençant par la droite, le multiplicande par chaque chiffre du multiplicateur ;

3° Placer le premier chiffre de chaque produit partiel sous celui qui a servi de multiplicateur ;

4° Tirer un trait sous tous ces produits partiels ;

5° Faire la somme, qui sera le produit cherché.

11. *D.* Comment fait-on la preuve de la multiplication ?

R. On fait la preuve de la multiplication en prenant le multiplicateur pour multiplicande et le multiplicande pour multiplicateur ; si le produit est le même, on peut croire raisonnablement que l'opération est exacte. Ordinairement on se contente de repasser avec beaucoup d'attention les calculs de l'opération.

Exercices.

Faire la preuve des multiplications précédentes.

12. *D.* Comment multiplie-t-on un nombre par 10, par 100, par 1000, etc. ?

R. On multiplie un nombre par 10, 100, 1000, etc., en plaçant à sa droite 1 ou 2 ou 3 zéros, en général autant de zéros qu'il y en a dans le multiplicateur (21), comme on le voit dans 3, 30, 300, 3000, etc.

13. *D.* Comment simplifie-t-on l'opération de la multiplication, quand les facteurs sont terminés par des zéros?

R. On les néglige en multipliant, puis on les place à la droite du produit.

EXEMPLES : 1° Soit à multiplier 25000 par 7.

On trouve d'abord $25 \times 7 = 175$

Puis en plaçant 3 zéros à droite de 175, on a 175000 pour le produit demandé.

2° Soit à multiplier   32 par 600.

On trouve d'abord $32 \times 6 = 192$

Puis en plaçant 2 zéros à droite de 192, on a 19200 pour le produit demandé.

3° Soit à multiplier   3600 par 8000.

On trouve d'abord $36 \times 8 = 288$

Puis en plaçant 5 zéros à droite de 288, on a 28800000 pour le produit demandé.

14. *D.* Que devient un nombre quand on le multiplie par 4, par 6, par 12, par tout autre nombre?

R. Un nombre, multiplié par 4, par 6, par 12, par tout autre nombre, devient 4 fois, 6 fois, 12 fois plus grand; il devient, en général, autant de fois plus grand qu'il y a d'unités dans son multiplicateur.

15. *D.* Que remarquez-vous sur le produit, le multiplicande et le multiplicateur ?

R. Je vois que, comme le produit contient le multiplicande autant de fois que le multiplicateur contient l'unité, on peut dire que le produit se forme du multiplicande comme le multiplicateur se forme de l'unité. Par exemple, le produit 12 est formé de 3 fois le multiplicande 4, de la même manière que le multiplicateur 3 est formé de 3 fois l'unité.

Cette observation est importante parce qu'elle fournit une définition tout à fait générale de la multiplication, conçue en ces termes : La multiplication de deux nombres est une opération ayant pour objet de trouver un troisième nombre, qui soit formé du premier nombre donné comme le second est formé de l'unité (82).

NEUVIÈME LEÇON.

Division. — Principes et règles.

46. *D.* Qu'est-ce que la division ?

R. La DIVISION, dans les nombres entiers, est une opération par laquelle on détermine combien de fois un nombre est contenu dans un autre nombre. Le résultat se nomme QUOTIENT.

Ainsi, *diviser* 12 par 4, c'est *calculer combien de fois* 4 *est renfermé* dans 12. On peut chercher à le déterminer par la *soustraction* en retranchant 4 de 12 et de ses restes successifs. On voit que 4 est renfermé exactement 3 fois dans 12 ; 3 est donc le *quotient* de la division de 12 par 4. On a, en effet, par les trois soustractions successives :

$$12 - 4 = 8, \quad 8 - 4 = 4, \quad \text{et} \quad 4 - 4 = 0.$$

D. Pourquoi ne pas se contenter de la *soustraction* pour calculer le *quotient* de deux nombres ?

R. Parce que l'opération serait trop longue quand le nombre par lequel on divise est considérable. S'il fallait diviser par 100, on aurait 100 soustractions à faire.

D. Comment appelle-t-on les nombres sur lesquels on opère ?

R. Le nombre qu'on divise se nomme DIVIDENDE, celui par lequel on divise se nomme DIVISEUR. Dans l'exemple précédent 12 est le *dividende*, 4 est le *diviseur*, 3 est le *quotient*.

D. Par quel signe indique-t-on la division ?

R. La division s'indique par le signe — ou par le signe : placé entre les deux nombres comme ci-après. On prononce *divisé par*. La division précédente est représentée de ces deux manières :

$$\frac{12}{4} = 3 \text{ ou } 12 : 4 = 3$$

Et se lit   12 *divisé par* 4 *égale* 3.

47. *D.* Quelle est la propriété essentielle du quotient ?

R. La propriété essentielle du quotient est que si on multiplie le diviseur par le quotient on reproduit le dividende. Ainsi 3 étant le quotient de 12 divisé par 4, on a 4 multiplié par 3 égale 12.

48. *D.* Quels sont les divers cas à considérer dans la division d'un nombre par un autre ?

R. Il faut considérer séparément, pour plus de clarté, les trois cas suivants :

1° Le diviseur n'a qu'un seul chiffre et le dividende ne contient pas dix fois le diviseur ;

2° Le dividende et le diviseur ont chacun plusieurs chiffres, et le dividende ne contient pas dix fois le diviseur ;

3° Le dividende contient au moins dix fois le diviseur.

REMARQUE. Dans les *deux premiers cas* le quotient n'a qu'un seul chiffre, et dans le *troisième*, il en a plusieurs.

Ces trois cas se distinguent facilement en comparant le dividende avec le diviseur suivi d'un zéro. Ainsi 73 à diviser par 8 appartient au premier cas, parce que 73 est plus petit que 80. 5847 à diviser par 679 appartient au second cas, parce que 5847 est plus petit que 6790.

49. *Premier cas. D.* Comment calculer le chiffre du quotient, quand le diviseur n'a qu'un seul chiffre et que le dividende ne contient pas dix fois le diviseur ?

R. Soit à diviser 42 *par* 7. Il faut se rappeler par lequel des nombres 1, 2, 3, ... 9 on doit multiplier 7 pour avoir 42. C'est 6, car $7 \times 6 = 42$. Le quotient cherché est 6.

Ou bien on a recours à la table de multiplication, page XII, on cherche 42 dans la case du nombre 7 et on trouve 6 pour le second facteur de 42. 6 est le quotient demandé.

Soit à diviser 59 *par* 8. On cherche par lequel des nombres 1, 2, 3, ... 9 on doit multiplier 8 pour avoir 59, ou du moins le plus grand des produits contenus dans 59 ; ce nombre est 7, car 8 est trop fort. Le plus grand produit est $56 = 8 \times 7$. 56 ôté de 59, il reste 3 ; 59 contient donc 7 fois le diviseur 8 plus un reste 3.

Le quotient cherché est 7, plus une fraction ; 7 est sa *partie entière* : on a $59 = 8 \times 7 + 3$.

Calculer les quotients de

$$\frac{24}{9} \qquad \frac{30}{5} \qquad \frac{45}{6} \qquad \frac{67}{7} \qquad \frac{64}{8} \qquad \frac{79}{9} \qquad \frac{81}{9}$$

50. *Deuxième cas. D.* Comment calculer le chiffre du quotient, quand le dividende et le diviseur ont chacun plusieurs chiffres et que le dividende ne contient pas dix fois le diviseur ?

1er EXEMPLE. *R.* Soit à diviser 4536 par 648.

Dividende. . .	4536	648 diviseur
	4536	7 quotient
Reste. . .	0	

J'écris le diviseur à droite du dividende, je les sépare par un trait vertical et je tire un trait horizontal sous le diviseur.

Pour avoir le chiffre du quotient demandé, je divise les deux premiers chiffres 45 de gauche du dividende (le premier étant trop faible) par 6 premier chiffre de gauche du diviseur. Le quotient est 7, que j'écris sous le diviseur et que j'essaye comme quotient total.

En conséquence, je multiplie 648 par 7 ; j'écris au dividende, unités sous unités, etc., les chiffres 4536 du produit à mesure que je les obtiens ; je soustrais ce produit du dividende ; le reste est 0.

L'opération est terminée et le quotient de 4536 par 648 est 7. On a d'ailleurs $648 \times 7 = 4536$.

2ᵉ EXEMPLE. Soit à diviser 2587 par 576.

$$\begin{array}{r|l} \text{Dividende. . .} \quad 2587 & 576 \ \text{diviseur} \\ 2304 & 4 \quad \text{quotient} \\ \hline \text{Reste. . .} \quad\;\; 283 \end{array}$$

En 25 combien de fois 5 ? Il y est 4 fois (et non 5 fois, car 5 fois 57 est plus grand que 258), je pose 4 au quotient, et je l'essaye.

4 fois 6 font 24, je pose 4 sous 7, chiffre des unités du dividende, et je retiens 2 ;

4 fois 7 font 28 et 2 de retenue font 30, je pose 0 et je retiens 3 ;

4 fois 5 font 20 et 3 de retenue font 23, je pose 23.

Je puis soustraire et il reste 283.

4 est donc la partie entière du quotient, et 2587 contient 4 fois 576, plus un reste 283 de division.

On a $2587 = 576 \times 4 + 283$.

51. *D.* Que faut-il remarquer sur le reste de la division ?

R. Il faut remarquer 1° que, lorsqu'il y a un reste de division, le dividende n'est pas exactement divisible par le diviseur ; mais qu'il le deviendrait si on en retranchait ce reste ;

2° Que le reste est plus petit que le diviseur, car dans le cas contraire le quotient serait trop faible et on devrait l'augmenter jusqu'à ce que ce reste devînt inférieur au diviseur ;

3° Que le quotient se compose d'une partie entière et d'une fraction. Ainsi, dans le cas précédent, le quotient est plus grand que 4, puisqu'il y a un reste de division, et il est plus petit que 5, puisque 5 fois le diviseur est plus grand que le dividende. Cette fraction est représentée dans l'exemple précédent par le quotient $\frac{283}{576}$ qu'on apprendra plus tard à évaluer (77).

52. *D.* Comment abrége-t-on le calcul de la division ?

R. On abrége le calcul de la division, en n'écrivant au dividende que les restes des soustractions, à mesure qu'on les obtient. Reprenons les deux exemples précédents :

1ᵉʳ EXEMPLE. Au lieu de

$$
\begin{array}{c|c}
4536 & 648 \\
\hline
4536 & 7 \\
\hline
0 &
\end{array}
\text{, on opère ainsi :}
\begin{array}{c|c}
4536 & 648 \\
\hline
00 & 7
\end{array}
$$

7 fois **8** (du diviseur) font **56**; **56** ôtés de **56** (au dividende) il reste **0**; je pose **0** sous **6** et je retiens **5** (les 5 dizaines ajoutées à 6).

7 fois **4** font **28** et **5** de retenue font **33**; **33** ôtés de **33** il reste **0**; je pose **0** sous **3** et je retiens **3**.

7 fois **6** font **42** et **3** de retenue font **45**; **45** ôtés de **45** il reste **0**.

L'opération est terminée ; **4536** est divisible exactement par **648**, le quotient est **7**.

2ᵉ EXEMPLE. Au lieu de

$$
\begin{array}{c|c}
2587 & 576 \\
\hline
2304 & 4 \\
\hline
283 &
\end{array}
\quad\text{, on opère ainsi :}\quad
\begin{array}{c|c}
2587 & 576 \\
\hline
283 & 4
\end{array}
$$

4 fois 6 font 24 ; 24 ôtés de 27 il reste 3 ; je pose 3 et je retiens 2.

4 fois 7 font 28 et 2 de retenue font 30 ; 30 ôtés de 38 il reste 8 ; je pose 8 et je retiens 3.

4 fois 5 font 20 et 3 de retenue font 23 ; 23 ôtés de 25 il reste 2 ; je pose 2.

L'opération est terminée : 2587 n'est pas divisible par 576 ; le quotient est $4 + \frac{283}{576}$.

D. Quelle est la règle à suivre pour opérer la division dans le *second cas ?*

R. Quand le dividende et le diviseur ont plusieurs chiffres et que le dividende ne vaut pas dix fois le diviseur, on opère ainsi :

1° Écrire le diviseur à la droite du dividende, tirer un trait vertical entre eux, et un autre horizontal sous le diviseur ;

2° Prendre sur la gauche du dividende deux chiffres, si un seul ne suffit pas pour contenir le premier chiffre à gauche du diviseur ; diviser par ce chiffre du diviseur. Le quotient de cette division partielle est le quotient cherché ou un nombre plus fort ;

3° L'essayer. On multiplie le diviseur par ce quotient ; si le produit peut se retrancher du dividende, le quotient est exact ; s'il ne peut pas être retranché, le quotient est trop fort, on le diminue d'une unité, puis on recommence l'essai.

Et ainsi de suite jusqu'à ce que la soustraction ait lieu.

Quand la soustraction donne 0 pour reste, le dividende est

exactement divisible par le diviseur, et le quotient est complet.

53. *D.* Comment abrége-t-on la recherche du chiffre exact du quotient ?

R. On diminue les tâtonnements, si on ajoute par la pensée une unité au premier chiffre de gauche du diviseur, quand le suivant est plus grand que 5. Soit à diviser 40162 par 6853. Je divise 40 par 7, parce que 8, second chiffre de gauche du diviseur, est plus grand que 5. Le quotient 5 est le vrai chiffre du quotient cherché ; tandis que la division de 40 par 6 aurait donné un chiffre trop fort.

Ordinairement on essaye, sans rien écrire, le chiffre probable du quotient sur les deux ou trois premiers chiffres à gauche du diviseur et sur les unités de même ordre du dividende, comme dans l'exemple suivant :

$$58176 \mid \underline{8461}$$

En 58 combien de fois 8 ? Il y est 7 fois. J'essaye 7 sans l'écrire au quotient.

7 fois 4 font 28 ; 28 ôtés de 31, il reste 3 et je retiens 3.

7 fois 8 font 56 et 3 de retenue font 59 ; 59 ôtés de 58, il ne se peut.

On en conclut que 7 est trop fort, il faut essayer 6 ; l'essai réussit ; on pose 6 au quotient, et on opère la division comme il a été indiqué. S'il arrivait encore que le quotient fût trop fort, on le diminuerait de nouveau d'une unité et on recommencerait le calcul.

Exercices.

8431	7005	17670	5805	66666
2109	2335	4298	940	8888

DIXIÈME LEÇON.

Règles de la division.

54. *Troisième cas. D.* Comment calculer le quotient, quand le dividende contient au moins 10 fois le diviseur?

1ᵉʳ EXEMPLE. *R.* Soit à diviser 50728 par 68.

Dividende. . . .	50728	68 diviseur
	476	746 quotient
2ᵉ dividende partiel. .	312	
	272	
3ᵉ dividende partiel. .	408	
	408	
Reste.	0	

On prend trois chiffres à la gauche du dividende, parce que deux ne suffisent pas pour effectuer la division par **68**; et on divise 507 par 68, *d'après la règle du second cas.* On a 7 pour *quotient* et 31 pour *reste.*

A droite de 31 on abaisse le chiffre suivant **2** du dividende total, ce qui donne 312 pour deuxième dividende partiel.

On divise 312 par **68**, *d'après la règle du second cas.* On a 4 pour *quotient* et 40 pour *reste.*

A droite de 40 on abaisse le dernier chiffre 8 du dividende total, ce qui donne 408 pour dernier dividende partiel.

On divise 408 par **68**, *d'après la règle du second cas.* On a 6 pour *quotient* et 0 pour *reste.*

L'opération est achevée; 50728 est exactement divisible par **68**, et le quotient est 746.

Voici comment on abrége l'opération, d'après ce qui a déjà été expliqué plus haut :

Dividende. . . .	50728	68	diviseur
2ᵉ dividende partiel. .	312	746	quotient
3ᵉ dividende partiel. .	408		
Reste.	0		

En 50 combien de fois 7 (*) ? Il y est 7 fois ; je pose 7 au quotient.

7 fois 8 font 56 ; 56 ôtés de 57 il reste 1 ; je pose 1 et je retiens 5 ;

7 fois 6 font 42 et 5 de *retenue* font 47 ; 47 ôtés de 50 il reste 3 ; je pose 3.

A droite de 31 j'abaisse 2 du dividende total.

En 31 combien de fois 7 ? Il y est 4 fois ; je pose 4 au quotient.

4 fois 8 font 32 ; 32 ôtés de 32 il reste 0 ; je pose 0 et je retiens 3 ;

4 fois 6 font 24 et 3 de retenue font 27 ; 27 ôtés de 31 il reste 4 ; je pose 4.

A droite de 40 j'abaisse 8 du dividende total.

En 40 combien de fois 7 ? 6 est le quotient le plus rapproché ; je pose 6 au quotient.

6 fois 8 font 48 ; 48 ôtés de 48 il reste 0 ; je pose 0 et je retiens 4 ;

6 fois 6 font 36 et 4 de retenue font 40 ; 40 ôtés de 40 il reste 0.

(*) On peut dire 7 au lieu du chiffre 6 du diviseur, le second chiffre du diviseur étant plus grand que 5, afin d'arriver plus vite au chiffre du quotient.

L'opération est terminée ; 50728 est divisible exactement par 68, et le quotient est 746.

2ᵉ EXEMPLE. Soit à diviser 16857 par 358.

$$\begin{array}{r|l} 16857 & 358 \\ \cline{2-2} 2537 & 47 \\ 31 & \end{array}$$

Je prends quatre chiffres à gauche du dividende pour premier dividende partiel, trois ne suffisant pas.

En 16 combien de fois 3 ? Il y est 4 fois ; je pose 4 au quotient.

4 fois 8 font 32 ; 32 ôtés de 35 il reste 3 ; je pose 3 et je retiens 3 ;

4 fois 5 font 20 et 3 de retenue font 23 ; 23 ôtés de 28 il reste 5 ; je pose 5 et je retiens 2 ;

4 fois 3 font 12 et 2 de retenue font 14 ; 14 ôtés de 16 il reste 2, je pose 2.

A droite de 253 j'abaisse 7 du dividende total.

En 25 combien de fois 3 ? Il y est 7 fois, je pose 7 au quotient.

7 fois 8 font 56 ; 56 ôtés de 57 il reste 1 ; je pose 1 et je retiens 5 ;

7 fois 5 font 35 et 5 de retenue font 40 ; 40 ôtés de 43 il reste 3 ; je pose 3 et je retiens 4 ;

7 fois 3 font 21 et 4 de retenue font 25 ; 25 ôtés de 25 il reste 0.

L'opération est terminée ; elle donne 47 pour la partie entière du quotient et 31 pour reste.

On a donc $16857 = 358 \times 47 + 31$.

Exercices.

$$\frac{107595}{797} = 135 \qquad \frac{607128}{246} = 2468 \qquad \frac{87980}{88} = 999 + \frac{68}{88}$$

$$\frac{24200}{70} = 345 + \frac{50}{70}$$

3ᵉ EXEMPLE. Soit à diviser 327024279 par 36.

Dividende. . . 327024279	36	diviseur
2ᵉ, 3ᵉ divid. partiels. 302	9084007	quotient
4ᵉ divid. partiel. 144		
5ᵉ, 6ᵉ, 7ᵉ divid. partiels. 0279		
Reste. 27		

J'opère comme plus haut :

Je prends trois chiffres à gauche du dividende, deux ne suffisant pas.

En 32 combien de fois 3 ? Il y est 9 fois ; je pose 9 au quotient.

9 fois 6 font 54 ; 54 ôtés de 57 il reste 3 ; je pose 3 et je retiens 5 ;

9 fois 3 font 27 et 5 de retenue font 32 ; 32 ôtés de 32 il reste 0.

A droite de 3 j'abaisse 0 du dividende total.

En 30 combien de fois 36 ? *Il n'y est pas.* Je pose 0 au quotient.

A droite de 30 j'abaisse 2 du dividende total.

En 30 combien de fois 3 ? Il y est 8 fois (9 est trop fort) ; je pose 8 au quotient.

8 fois 6 font 48 ; 48 ôtés de 52 il reste 4 ; je pose 4 et je retiens 5 ;

8 fois 3 font 24 et 5 de retenue font 29 ; 29 ôtés de 30 il reste 1 ; je pose 1.

A droite de 14 j'abaisse 4 du dividende total.

En 14 combien de fois 3 ? Il y est 4 fois ; je pose 4 au quotient.

4 fois 6 font 24 ; 24 ôtés de 24 il reste 0 ; je pose 0 et je retiens 2 ;

4 fois 3 font 12 et 2 de retenue font 14 ; 14 ôtés de 14 il reste 0.

A droite de 0 j'abaisse 2 du dividende total.

En 2 combien de fois 36 ? *Il n'y est pas.* Je pose 0 au quotient.

A droite de 2 j'abaisse 7 du dividende total.

En 27 combien de fois 36 ? *Il n'y est pas.* Je pose 0 de nouveau au quotient.

A droite de 27 j'abaisse 9 du dividende total.

En 27 combien de fois 3 ? Il y est 7 fois (8 est trop fort); je pose 7 au quotient.

7 fois 6 font 42 ; 42 ôtés de 49 il reste 7 ; je pose 7 et je retiens 4 ;

7 fois 3 font 21 et 4 de retenue font 25 ; 25 ôtés de 27 il reste 2 et je pose 2.

La division est terminée avec un reste 27 ; la partie entière du quotient est 9084007, et 27 est le reste de la division.

D. Que faut-il remarquer dans le cas où un dividende partiel ne contient pas le diviseur ?

R. On vient de voir que quand un dividende partiel ne contient pas le diviseur, on met 0 au quotient, on abaisse le chiffre suivant au dividende et on divise.

Si le nouveau dividende partiel ne contient pas encore le diviseur, on met 0 de nouveau au quotient, on abaisse un nouveau chiffre au dividende et on divise. Et ainsi de suite jusqu'à ce qu'on puisse effectuer la division.

Exercices.

$$\frac{199598}{396} = 504 + \frac{14}{396} \qquad \frac{4480512}{64} = 70008$$

$$\frac{177520832}{58} = 3060704$$

D. Quelle est la règle générale pour diviser deux nombres l'un par l'autre ?

R. Pour diviser deux nombres l'un par l'autre, il faut :

1° Écrire le diviseur à la droite du dividende, tirer un trait vertical entre eux et un autre horizontal sous le diviseur ;

Séparer sur la gauche du dividende autant de chiffres qu'il en faut pour contenir le diviseur ;

2° Diviser le premier dividende partiel par le diviseur, ce qui donne le premier chiffre à gauche du quotient, qu'on écrit sous le diviseur. On l'obtient par tâtonnement ;

Retrancher du premier dividende partiel le produit du diviseur par le premier quotient partiel, et écrire le reste sous ce dividende partiel ;

3° Abaisser à la droite du reste le chiffre suivant du dividende total, diviser ce second dividende partiel par le diviseur, et l'on obtient le second quotient partiel, qu'on écrit à la droite du premier ;

Retrancher du second dividende partiel le produit du diviseur par le second quotient partiel, et écrire le reste sous ce dividende partiel ;

4° Abaisser à la droite de ce nouveau reste le chiffre suivant du dividende total, pour former le troisième dividende partiel, sur lequel on opère comme sur les précédents ; et continuer de même jusqu'à ce qu'on ait abaissé tous les chiffres du dividende total.

Alors le quotient cherché se trouve écrit sous le diviseur, et le dernier reste, s'il y en a un, est le reste de la division.

Lorsqu'un dividende partiel ne contient pas le diviseur, on met 0 pour le quotient correspondant.

ONZIÈME LEÇON.

Règles de la division.

55. *D.* Comment simplifie-t-on la division quand le diviseur n'a qu'un chiffre et que le dividende en a plusieurs ?

R. On écrit seulement sous les chiffres du dividende les chiffres correspondants du quotient, à mesure qu'on les obtient, comme il suit :

1ᵉʳ EXEMPLE. Soit à diviser 256074 par 7.

Dividende. . . 256074
Quotient. . . 36582

En 25 il y a 3 fois 7 et 4 de reste ; je pose 3 sous 5 et je retiens 4 qui valent 40 (*).

40 et 6 font 46 ; en 46 il y a 6 fois 7 et 4 de reste ; je pose 6 et je retiens 4 qui valent 40.

40 et 0 font 40 ; en 40 il y a 5 fois 7 et 5 de reste ; je pose 5 et je retiens 5 qui valent 50.

50 et 7 font 57 ; en 57 il y a 8 fois 7 et 1 de reste ; je pose 8 et je retiens 1 qui vaut 10.

10 et 4 font 14 ; en 14 il y a 2 fois 7 ; je pose 2.

L'opération est terminée, et le quotient est 36582.

2ᵉ EXEMPLE. Soit à diviser 2432051 par 8.

Dividende. . . 2432051
Quotient. . . 304006. . 3 reste.

(*) Il faut sous-entendre : unités de l'ordre suivant.

En 24 il a 3 fois 8 ; je pose 3 sous 4.

En 3, 8 ne se trouve pas ; je pose 0 et je retiens 3 qui valent 30.

30 et 2 font 32 ; en 32 il y a 4 fois 8 ; je pose 4.

En 0, 8 ne se trouve pas ; je pose 0.

En 5, 8 ne se trouve pas ; je pose 0 et je retiens 5 qui valent 50.

50 et 1 font 51 ; en 51 il y a 6 fois 8 et 3 de reste ; je pose 6.

L'opération est terminée ; le quotient est 304006 avec un reste 3.

REMARQUE. Diviser un nombre par 7 c'est prendre le *septième* de ce nombre. Le quotient est ce *septième*, puisque 7 fois le quotient donne le nombre (4).

On raisonnerait de même sur tout autre diviseur.

56. *D.* Comment fait-on la preuve de la division ?

R. La preuve de la division s'obtient en multipliant le diviseur par le quotient, ajoutant au produit le reste de la division s'il y en a un, et faisant la somme. Le résultat doit donner le dividende s'il n'y a pas d'erreur (47). Ainsi, comme on trouve $42 \times 82 + 13 = 3457$, on regarde l'opération comme exacte.

Ordinairement on se contente de répéter l'opération très-attentivement.

Exercices.

Faire la preuve des divisions précédentes.

REMARQUES SUR LA DIVISION.

57. *D.* Comment divise-t-on un nombre lorsqu'on supprime à sa droite 1, ou 2, ou 3 ... zéros ?

R. On divise ce nombre par 10, ou par 100, ou par 1000,... comme on le voit dans 3000, 300, 30, 3 (21).

58. *D*. Quand on *multiplie le dividende* par 2, par 3, par un nombre quelconque, comment change-t-on le *quotient ?*

R. Quand on *multiplie le dividende* par 2, par 3, par un nombre quelconque, le *quotient est multiplié* par 2, par 3, par ce nombre.

Ainsi comme $\dfrac{12}{4} = 3$, on a $\dfrac{24}{4} = 6$, $\dfrac{60}{4} = 15$, $\dfrac{120}{4} = 30$, etc.

Il en résulte que si on *divise le dividende* par un nombre, le *quotient est divisé* par ce nombre, comme on le voit sur les mêmes nombres pris en sens inverse.

59. *D*. Quand on *multiplie le diviseur* par 2, par 3, par un nombre quelconque, comment change-t-on le *quotient ?*

R. Quand on *multiplie le diviseur* par 2, par 3, par un nombre quelconque, *le quotient est divisé* par 2, par 3, par ce nombre.

Ainsi comme $\dfrac{24}{2} = 12$, on a $\dfrac{24}{4} = 6$, $\dfrac{24}{6} = 4$, $\dfrac{24}{8} = 3$, etc.

Il en résulte que si on *divise le diviseur* par un nombre, le *quotient est multiplié* par ce nombre, comme on le voit sur ces nombres lus en sens inverse.

60. *D*. Quand on multiplie ou qu'on divise à la fois par un même nombre le dividende et le diviseur, le quotient est-il changé?

R. Le quotient est le même quand on multiplie ou qu'on divise à la fois par le même nombre le dividende et le diviseur. Ainsi on a

$$\frac{4}{2} = \frac{40}{20} = \frac{48}{24} = 2 \qquad \frac{360}{120} = \frac{36}{12} = \frac{18}{6} = 3$$

61. *D*. La division, dans les nombres entiers, ne se définit-elle pas encore autrement qu'au numéro 46 ?

R. On définit encore la division : une opération par laquelle, voulant partager un nombre donné en un certain nombre de parties égales, on détermine une de ces parties.

Par exemple, si on a 60 fr. à distribuer également entre 5 pauvres ; en divisant 60 par 5, on aura dans le quotient 12 le nombre de francs qu'il faut donner à chacun ou le *cinquième* de 60 (*).

REMARQUE. **La division sert donc 1° à calculer** *combien de fois une quantité est renfermée dans une autre*, comme lorsqu'on cherche combien il faut de pièces de 20 francs pour une somme de 140 francs ; 2° à *partager une quantité en un certain nombre de parties égales*, comme lorsqu'ayant 140 francs à distribuer entre 20 pauvres, on veut savoir combien il faut donner à chacun d'eux.

62. *D.* Que remarquez-vous sur le dividende, le diviseur et le quotient ?

R. Comme le diviseur multiplié par le quotient doit toujours reproduire le dividende (**) ; ainsi le dividende 15, le diviseur 5 et le quotient 3 donnent nécessairement $15 = 5 \times 3$; le dividende 17, le diviseur 5 et le quotient 3 donnent également $17 = 5 \times 3 + \frac{2}{5} \times 5$ ou $5 \times 3 + 2$ (***) ; on voit évidemment qu'on peut toujours regarder le *dividende comme un produit qui a pour facteurs le diviseur et le quotient.*

Cette propriété essentielle fournit une définition tout à fait générale de la division, conçue en ces termes : La division est une opération par laquelle étant donnés un produit de deux facteurs et un de ces facteurs, on trouve l'autre facteur. Nous nous en servirons plus tard (86).

(*) Cette définition rentre dans la première, car on sait *quelle partie* des 60 fr. il faut distribuer à chaque pauvre pour faire un partage égal, en *déterminant combien de fois le nombre 5 des pauvres est compris dans* 60.

(**) Multiplier le diviseur par le quotient, c'est réunir toutes les parties qui composent le dividende.

(***) *Cinq* fois 2 divisé par *cinq* ou *cinq* fois 2 *cinquièmes* donnent 2 (4).

NOMBRES DÉCIMAUX.

DOUZIÈME LEÇON.

Principes. Numération.

63. *D.* Qu'appelle-t-on FRACTION DÉCIMALE ou simplement DÉCIMALE ?

R. Une FRACTION DÉCIMALE ou une DÉCIMALE est une fraction qui provient de l'unité principale divisée en parties *de 10 fois en 10 fois plus petites*, et, par conséquent, de l'unité divisée en 10, ou en 100, ou en 1000, etc., parties égales. Ainsi le *mètre* étant divisé en 10, en 100 et en 1000 parties égales qu'on nomme *décimètres, centimètres, millimètres*, une ou plusieurs de ces parties est une *fraction décimale* (*).

D. Qu'appelle-t-on *nombre décimal ?*

R. On appelle *nombre décimal* celui qui est composé d'une partie entière et d'une partie décimale, comme 3 mètres 8 décimètres. On étend aussi ce nom aux simples fractions décimales.

64. *D.* Comment les décimales se désignent-elles (**) ?

R. Les décimales se désignent comme il suit :

L'unité se divise en 10 parties égales qu'on appelle *dixièmes*, parce qu'il y en a 10 dans l'unité.

Le dixième se divise en 10 parties égales qu'on appelle *centièmes*, parce qu'il y en a 100 dans l'unité.

(*) Montrer aux élèves les divisions marquées sur le mètre.
(**) *Voir* la préface, page ix, sur ces questions.

Le centième se divise en 10 parties égales qu'on appelle *millièmes*, parce qu'il y en a 1000 dans l'unité.

Le millième se divise en 10 parties égales qu'on appelle *dix-millièmes*, parce qu'il y en a 10000 dans l'unité.

Le dix-millième se divise en 10 parties égales qu'on appelle *cent-millièmes*, parce qu'il y en a 100000 dans l'unité.

Et en continuant on a les *millionièmes*, les *dix-millionièmes*, les *cent-millionièmes*, les *billionièmes*, etc.

Il résulte de la nature des décimales que

1 unité $= 10$ dixièmes $= 100$ centièmes $= 1000$ millièmes $= 10000$ dix-millièmes, ...

1 dixième $= 10$ centièmes $= 100$ millièmes $= 1000$ dix-millièmes, ...

1 centième $= 10$ millièmes $= 100$ dix-millièmes, ...

1 millième $= 10$ dix-millièmes, ...

Etc.

Et par conséquent que l'on a

1° 3 unités 2 dixièmes $= 32$ dixièmes $= 320$ centièmes $= 3200$ millièmes ; puisque 3 unités $= 30$ dixièmes $= 300$ centièmes $= 3000$ millièmes, et 2 dixièmes $= 20$ centièmes $= 200$ millièmes ;

2° 65 centièmes $= 6$ dixièmes, 5 centièmes $= 650$ millièmes, etc. ; puisque 60 centièmes $= 6$ dixièmes $= 600$ millièmes, etc., et 5 centièmes $= 50$ millièmes, etc.

65. *D.* Quel rapport existe-t-il entre les nombres entiers et les nombres décimaux ?

R. Les décimales sont formées suivant *la même loi* que les nombres entiers.

En effet, par la nature de leur formation,

Les unités doivent être considérées comme des unités *d'un ordre supérieur* aux dixièmes ;

3.

Les dixièmes, comme des unités d'un ordre supérieur aux centièmes ;

Les centièmes, comme des unités, d'un ordre supérieur aux millièmes ;

Les millièmes, comme des unités d'un ordre supérieur aux dix-millièmes ;

Et ainsi de suite.

Les décimales appartiennent donc au SYSTÈME DÉCIMAL parce qu'elles en vérifient la *loi fondamentale* par laquelle *dix unités d'un ordre quelconque composent une unité de l'ordre immédiatement supérieur*.

Les nombres entiers et décimaux étant déterminés à la fois par la même loi forment la série suivante symétrique par rapport à l'unité et indéfinis dans les deux sens.

...., Dizaine de mille, mille, centaine, dizaine, UNITÉ, dixième, centième, millième, dix-millième, ...

Ou en désignant par des nombres les deux séries opposées d'ordres d'unités entières et d'unités décimales :

<table>
<tr><td colspan="12" align="center">TABLEAU DE NUMÉRATION DÉCIMALE.</td></tr>
<tr><td colspan="6" align="center">1
UNITÉS ENTIÈRES.</td><td colspan="6" align="center">2
UNITÉS DÉCIMALES.</td></tr>
<tr><td>ordre .... 6e</td><td>5e</td><td>4e</td><td>3e</td><td>2e</td><td>1er,</td><td>1er</td><td>2e</td><td>3e</td><td>4e</td><td>5e</td><td>6e .... ordre</td></tr>
<tr><td>centaine de mille.</td><td>dizaine de mille.</td><td>mille.</td><td>centaines.</td><td>dizaines.</td><td>unités.</td><td>dixièmes.</td><td>centièmes.</td><td>millièmes.</td><td>dix-millièmes.</td><td>cent-millièmes.</td><td>millionièmes.</td></tr>
</table>

66. *D.* Comment écrit-on en chiffres les fractions décimales ?

R. Les décimales s'écrivent avec les *mêmes chiffres* et se placent suivant les *mêmes règles* que les nombres entiers, puisqu'elles sont formées suivant la *même loi.*

Le chiffre des dixièmes se met à la droite du chiffre des unités,

Le chiffre des centièmes. . . . . des dixièmes,

Le chiffre des millièmes. . . . . des centièmes,

Et ainsi de suite.

La partie entière se distingue de la partie décimale par une virgule qu'on place entre les unités et les dixièmes.

Enfin lorsque dans le nombre à écrire il manque des décimales, on remplace chacune de ces décimales par un zéro. Et s'il n'y a pas de partie entière, on la remplace aussi par un zéro, à la droite duquel on place la virgule décimale.

Ainsi on écrira :

45 unités 6 dixièmes. 45,6

352 millièmes. 0,352

18 unités 35 millièmes. 18,035

9 dix-millièmes. 0,0009

3 unités 6048 millionièmes. 3,006048

1654 centièmes 16,54

2 unités 300 millièmes. . . . . . 2,3 ou. 2,300

67. *D.* Quelle est l'importance de la virgule décimale ?

R. La virgule décimale est d'une grande importance, parce qu'on ne peut l'omettre ni la déplacer dans un nombre sans changer sa valeur. Ainsi le nombre 23 unités 456 millièmes ou 23,456 devient 23456 unités, sans virgule ; ou 2 unités 3456 dix-millièmes, en l'avançant d'un rang vers la gauche 2,3456.

D. Combien les chiffres des nombres décimaux ont-ils de valeurs ?

R. Chaque chiffre d'un nombre décimal a *deux valeurs,*

comme les chiffres des nombres entiers : une *valeur absolue*
due au nombre de ses unités et une *valeur relative* due au
rang qu'il occupe. Il faut excepter le chiffre zéro.

———◇◇◇———

TREIZIÈME LEÇON.

Suite de la numération.

68. *D.* Comment lit-on un nombre décimal donné en
chiffres ?

R. Il y a plusieurs manières de lire un nombre décimal
donné en chiffres. Considérons le nombre 23,458 :

1° On pourrait dire 23 unités 4 dixièmes 5 centièmes 8
millièmes, en énonçant séparément chacune des décimales avec
sa double valeur propre, après avoir lu la partie entière ; mais
on ne le fait pas.

2° On dit 23 unités 458 millièmes. On énonce la partie
entière, comme si elle était seule ; puis la partie décimale,
comme s'il s'agissait d'un nombre entier, en lui donnant le
nom des unités de son dernier chiffre de droite. C'est la
manière ordinaire.

3° On dit quelquefois 23458 millièmes, en faisant abstraction de la virgule. On énonce le nombre comme s'il n'y avait
pas de décimales, et on lui donne le nom des unités de son
dernier chiffre de droite.

Exercices.

8,23 se lit 8 unités 23 centièmes ou 823 centièmes.

5,062 se lit 5 unités 62 millièmes, ou 5062 millièmes.

0,104 se lit 104 millièmes.

200,000 002 se lit 200 unités 2 millionièmes, ou 200 000 002 millionièmes.

Lire les nombres :

3,50765   12,868   440,010101   0,2020202   0,009009

69. *D.* Comment écrit-on en chiffres sous la dictée un nombre décimal ?

R. 1° Si le nombre était énoncé de la première manière on écrirait d'abord la partie entière comme si elle était seule ; à sa droite on placerait une virgule, puis on écrirait chaque chiffre décimal comme on le prononce à la droite du précédent.

Il faut remplacer par des zéros les ordres d'unités décimales qui manqueraient dans l'énoncé du nombre, afin que chaque chiffre occupe le rang qu'il doit avoir. Lorsqu'il n'y a pas de *partie entière*, on y supplée par un zéro et une virgule.

EXEMPLES : 25 unités 3 dixièmes 2 centièmes s'écrit 25,32.

3 unités 8 centièmes 4 millièmes s'écrit . . . . . . 3,084, parce que le chiffre des millièmes doit occuper le 3ᵉ rang à partir de la virgule.

2 centièmes 6 dix-millièmes s'écrit. . . . . 0,0206, parce que le chiffre des dix-millièmes doit occuper le 4ᵉ rang des décimales.

2° Lorsque le nombre est dicté de la seconde manière, on écrit d'abord la partie entière, ou on met un zéro si elle manque; on place une virgule à sa droite, et à la droite de la virgule, on écrit la partie décimale comme si c'était un nombre entier.

Le dernier chiffre à droite doit tenir le rang *des unités dé-cimales nommées ;* s'il n'y avait pas assez de décimales pour cela, on placerait un nombre suffisant de zéros entre la partie décimale et la virgule.

EXEMPLES : 37 entiers 2045 dix-millièmes s'écrit 37,2045,

8 entiers 341 cent-millièmes s'écrit. 8,00341,
   parce que le chiffre des *cent-millièmes* occupe le
   5ᵉ rang des décimales.

104 millionièmes s'écrit. 0,000104,
   parce que le chiffre des millionièmes doit occuper le 6ᵉ rang des décimales.

3° Dans le troisième cas, on écrit le nombre décimal comme un nombre entier, puis on met *en décimales* ce qu'il faut de chiffres pour que le dernier à droite occupe la place des *unités décimales nommées.*

S'il n'y avait pas le nombre de chiffres que demande la règle, on se trouverait dans le cas précédent, lorsqu'il n'y a pas de partie entière, et on agirait en conséquence.

EXEMPLES : 15632 millièmes, s'écrit.   15,632
            3405 millionièmes 0,003405
          100056 cent-millièmes 1,00056

70. *D.* Comment éviter facilement les erreurs lorsqu'on écrit en chiffres sous la dictée une fraction décimale ?

R. On détermine d'abord le rang du dernier chiffre décimal au moyen du tableau suivant :

1 dixième s'écrit par 1 ch. déc. ou occupe le 1ᵉʳ rang, 0,1
1 centième   id.   2   id.   2ᵉ id.   0,01
1 millième   id.   3   id.   3ᵉ id.   0,001
1 dix-millième id.   4   id.   4ᵉ id.   0,0001
1 cent-millième id.   5   id.   5ᵉ id.   0,00001
1 millionième   id.   6   id.   6ᵉ id.   0,000001
   Et ainsi de suite.

Puis on écrit ce chiffre en le faisant précéder du nombre de zéros nécessaires pour qu'il soit à son rang, et on remplace les zéros par les chiffres significatifs du nombre donné.

Exercices.

Écrire en chiffres les nombres :
Mille sept *unités* six cent six mille millionièmes,
Deux millions huit cent quarante-sept dix-millièmes,
Vingt *unités* vingt mille cent un cent-millièmes,
Cinquante-huit millièmes,
Quinze cent quarante-un dixièmes,
Trois millions *d'unités* trois millionièmes,
Trois millions trois millionièmes.

71. *D.* Quel changement éprouve une fraction décimale, quand on met un ou plusieurs zéros à sa suite ?

R. Les zéros qu'on place à la suite d'une fraction décimale ne changent pas sa valeur. Ainsi $3,4 = 3,40 = 3,4000,\dots$ comme nous l'avons déjà observé (64).

72. *D.* Quel changement éprouve une fraction décimale quand on met un ou plusieurs zéros avant son premier chiffre de gauche ?

R. On divise une fraction décimale par 10, par 100, par 1000, ... quand on met 1, ou 2, ou 3, ... zéros avant son premier chiffre de gauche. Ainsi les fractions

$$0,4 \quad 0,04 \quad 0,004 \quad 0,0004 \text{ etc.,}$$

sont de dix en dix fois plus petites ; la première est donc divisée successivement par 10, par 100, par 1000, etc.

Il en est de même pour les fractions 0,351, 0,0351, 0,00351 etc.

Chacune des décimales du premier nombre est 10 fois plus petite dans le deuxième et 100 plus petite dans le troisième.

73. *D.* Comment rend-on un nombre décimal 10, 100, 1000,... fois plus grand?

R. On rend un nombre décimal 10, 100, 1000, ... fois plus grand, en transportant la virgule de 1, 2, 3,... rangs vers la droite. Ainsi

2314,5267 vaut	2314 unités 5267 dix-millièmes,
23145,267	23145 unités 267 millièmes,
231452,67	231452 unités 67 centièmes,
23145267	23145267 unités,

Etc.

S'il n'y avait pas assez de décimales pour transporter la virgule selon la règle, on placerait à la droite du nombre fractionnaire autant de zéros qu'il est nécessaire, ce qui ne change pas sa valeur (64), puis on supprimerait la virgule.

Ainsi, pour multiplier 8,25 par 10000, comme il faut transporter la virgule de 4 rangs vers la droite, on placera deux zéros à droite de 5 et on supprimera ensuite la virgule. Ce qui donne $8,25 \times 10000 = 82500$.

EXEMPLES : $13,0045 \times 1000 = 13004,5$ $0,00256 \times 100 = 0,256$ $2,5 \times 1000 = 2500$.

74. *D.* Comment rend-on un nombre décimal 10, 100, 1000, ... fois plus petit?

R. On rend un nombre décimal 10, 100, 1000, ... fois plus petit en transportant la virgule de 1, 2, 3,... rangs vers la gauche. Ainsi

2314,5267 vaut 2314 unités	5267 dix-millièmes,
231,45267 231 unités	45267 cent-millièmes,
23,145267 23 unités	145267 millionièmes,
2,3145267 2 unités	3145267 dix-millionièmes,

Etc.

S'il n'y avait pas assez de chiffres pour transporter la virgule selon la règle, on placerait à la gauche du nombre fractionnaire autant de zéros qu'il est nécessaire ; puis toujours à la gauche une virgule, et enfin un zéro pour remplacer la partie entière.

Ainsi pour diviser 75,24 par 10000, comme il faut transporter la virgule de 4 rangs vers la gauche, on placera deux zéros à gauche de 7 ; puis la virgule, et enfin le 0 de la partie entière. Ce qui donne 75,24 : 10000 = 0,007524.

Exercices : 3570,62 : 1000   0,05 : 100   354,60 : 1000.

QUATORZIÈME LEÇON.

Addition , soustraction , multiplication des nombres décimaux.

75. *D.* Comment fait-on les principales opérations sur les nombres décimaux ?

R. Les nombres décimaux appartenant au système décimal se calculent par les mêmes règles que les nombres entiers, seulement il faut donner à la virgule, avec un grand soin, la place qu'elle doit avoir dans le résultat.

ADDITION DES NOMBRES DÉCIMAUX.

76. Comment définit-on l'*addition* des nombres décimaux ?

R. L'*addition* des nombres décimaux se définit comme pour les nombres entiers (23).

La *somme* contient à elle seule toutes les unités et les parties d'unités des nombres donnés.

77. *D.* Comment fait-on l'addition des nombres décimaux ?

R. Pour additionner plusieurs nombres décimaux il faut :

1° Les écrire de manière que les chiffres de même ordre soient les uns sous les autres, unités sous unités, dixièmes sous dixièmes, etc., les virgules décimales se trouvant aussi dans une même colonne verticale ;

2° Faire la somme, comme s'il s'agissait de nombres entiers.

3° Placer la virgule de la somme au-dessous des autres virgules.

EXEMPLE. Additionner les nombres 2,009 ; 31,8 ; 8,0045 ; 0,34.

$$
\begin{array}{r}
2,0090 \\
31,8000 \\
8,0045 \\
0,3400 \\
\hline
\text{Somme}\ldots\ 42,1535
\end{array}
$$

Les nombres sont disposés, ainsi qu'on vient de le dire, comme s'ils étaient entiers, unités sous unités, dixièmes sous dixièmes, etc., on a fait leur somme selon la règle ordinaire, et placé la virgule sous les autres virgules.

78. REMARQUE 1ʳᵉ. Pour rendre le calcul plus commode, on a donné le même nombre de décimales à tous les nombres en plaçant des zéros à la droite de plusieurs d'entre eux, ce qui n'en altère pas la valeur (64). C'est ce qu'on entend par *compléter les décimales.*

REMARQUE 2ᵉ. On voit que la virgule de la *somme* sépare autant de décimales qu'il s'en trouve dans celui des nombres additionnés qui en a le plus, avant qu'on ne complète les décimales.

Exercices.

0,858	0,00456	64,767901
3,069	0,19970	0,91
28,72	0,08000	132,0
3	0,97600	5,4806
35,647	1,26026	203,158501

79. *D.* Comment fait-on la preuve des opérations principales sur nombres décimaux ?

R. La preuve de l'addition et des trois autres règles principales se fait comme pour les nombres entiers.

SOUSTRACTION DES NOMBRES DÉCIMAUX.

80. *D.* Comment définit-on la *soustraction* des nombres décimaux ?

R. La *soustraction* des nombres décimaux se définit comme pour les nombres entiers (27).

Le *reste* renferme les unités et parties d'unités qui manquent au plus petit nombre pour égaler le plus grand.

81. *D.* Comment fait-on la soustraction des nombres décimaux ?

R. Pour soustraire l'un de l'autre deux nombres décimaux, il faut :

1° Écrire le plus petit sous le plus grand, de manière que les chiffres de même ordre soient les uns sous les autres, c'est-à-dire unités sous unités, dixièmes sous dixièmes, etc. ;

2° Prendre la différence comme s'ils étaient des nombres entiers ;

3° Placer la virgule de la *différence* sous les deux autres virgules.

EXEMPLES. De   35,642   de 43,1200
Otez   27,783   ôtez 26,4875

Reste   7,859   reste 16,6325

REMARQUE 1re. On a *complété* dans le second exemple par deux zéros *les décimales* du nombre supérieur pour la symétrie du calcul.

REMARQUE 2e. On voit que la virgule de la *différence* sépare autant de décimales qu'il s'en trouve dans celui des nombres qui en avait le plus avant qu'on eût complété les décimales.

Exercices.

512	6,07009	36,000481	49,0000
41,6349	0,59600	35,87	29,3452
470,3651	5,47409	00,130481	19,6548

MULTIPLICATION DES NOMBRES DÉCIMAUX.

82. *D.* Comment définit-on la *multiplication* des nombres décimaux ?

R. Il faut la définir d'une manière plus générale qu'on ne l'a fait d'abord pour les nombres entiers, afin de comprendre le cas où le *multiplicateur est un nombre décimal.* On a recours à la définition suivante (45).

La multiplication est une opération par laquelle on calcule un nombre (le produit) qui soit formé d'un nombre connu (le multiplicande) comme un autre nombre connu (le multiplicateur) est formé de l'unité.

Ainsi, multiplier 8,45 par 3,6 ou 36 dixièmes, c'est calculer un nombre qui soit 36 fois la dixième partie de 8,45, comme 3,6 ou 36 dixièmes est 36 fois la dixième partie de l'unité.

83. *D.* Comment multiplie-t-on un nombre décimal par 10, 100, 1000, etc. ?

R. Voyez la règle donnée au numéro 73.

84. *D.* Comment fait-on la multiplication de deux nombres décimaux ?

R. Pour multiplier deux nombres décimaux l'un par l'autre, il faut :

1° Effectuer l'opération comme sur des nombres entiers, sans avoir égard à la virgule ;

2° Mettre à la droite du produit autant de chiffres en décimales qu'il y en a dans les deux facteurs à la fois.

```
EXEMPLES.        8,125            418
                   23            2,65
              _________        _______
                24 375          20 90
               162 50           250 8
              _________          836
Produit       186,875          _______
                               1107,70
```

On a séparé 3 décimales dans le premier produit et 2 dans le second, autant qu'il y en avait dans les facteurs.

Soit à multiplier 17,305 par 8,46.

```
               17,305
                8,46
             _________
              1 03 830
              6 92 200
            138 44 000
            __________
            146,40 030
```

On sépare au produit 5 décimales, parce qu'il y en a 5 dans les facteurs à la fois.

85. *D.* Que faut-il faire quand le produit calculé ne renferme pas autant de chiffres qu'il faut de décimales?

R. Pour donner au produit le nombre de décimales qu'il doit avoir, on place à la gauche du produit calculé le nombre nécessaire de zéros et on met 0 à la partie entière, sans oublier la virgule.

EXEMPLE. Soit à multiplier 3,09 par 0,0024.

En multipliant sans égard aux virgules décimales, on trouve :

$$
\begin{array}{r}
309 \\
24 \\
\hline
1236 \\
6180 \\
\hline
7416 \\
\end{array}
$$

Or, comme le produit doit avoir 6 décimales, on place deux zéros à la gauche du produit déjà obtenu, puis la virgule, et enfin le zéro pour la partie entière, ce qui donne pour le produit demandé

$$0,007416$$

Exercices.

	5 40	3,005	0,097	34,06
	0,37	0,049	0,056	0,000 08
Produits	199,80	0,147245	0,005432	0,00 272 48

QUINZIÈME LEÇON.

Division des nombres décimaux.

86. *D.* Comment définit-on la *division* des nombres décimaux ?

R. Il faut la définir d'une manière plus générale qu'on ne l'a fait d'abord pour les nombres entiers, si on veut y comprendre le cas où le dividende est plus petit que le diviseur, cas que les décimales donnent le moyen de résoudre. On a recours à la définition suivante (62).

La division est une opération par laquelle étant donné un produit de deux facteurs et un de ces facteurs on trouve l'autre facteur.

Ainsi, diviser 32,45 par 8,67 c'est calculer le nombre qui multiplié par 8,67 reproduit 32,45.

87. *D.* Comment divise-t-on un nombre décimal par 10, 100, 1000, etc. ?

R. Voyez la règle donnée au numéro 74.

88. *D.* Comment fait-on la division d'un nombre décimal par un nombre décimal ?

R. On opère comme il suit :

1er EXEMPLE. Soit à diviser 938,4826 par 3,46.

J'avance la virgule du dividende de 2 rangs vers la droite, parce qu'il y a deux décimales au diviseur ; je supprime la virgule du diviseur (*) ; et je divise d'après la règle des nombres entiers :

(*) Par cette opération on multiplie le dividende et le diviseur par 100 (73), sans néanmoins changer la valeur du quotient, comme on le conclut de ce qui a été dit au numéro 60.

$$\begin{array}{r|l} 93848,26 & 346 \\ \hline 2464 & 271 \\ 428 & \\ 82 & \end{array}$$

La partie entière du quotient est 271. Le *reste de la division* se compose de 82,26 ; quantité plus petite que 83 et que le diviseur par conséquent.

89. ÉVALUATION DU QUOTIENT EN DÉCIMALES. *D.* Comment évalue-t-on en décimales la partie fractionnaire du quotient, lorsqu'il y a un *reste de division?*

R. Supposons qu'on veuille évaluer le quotient précédent, qui a un reste, jusqu'aux millièmes ; je mets une virgule à la droite de 271, je descends à droite de 82 le chiffre 2 du dividende, et je continue la division.

$$\begin{array}{r|l} 93848,26 & 346 \\ \hline 2464 & 271,237 \\ 428 & \\ 82\ 2 & \\ 13\ 06 & \\ 2\ 680 & \\ 258 & \end{array}$$

Parvenu au dernier reste 268 centièmes du dividende, je place un zéro à sa droite pour avoir la décimale des *millièmes,* je divise encore, ce qui me donne 7 au quotient avec un reste 258 millièmes au dividende.

2ᵉ EXEMPLE. Soit à diviser 938,48 par 3,46.

Je supprime la virgule du dividende et en même temps celle du diviseur, parce qu'il y a autant de décimales de part et d'autre ; puis je divise d'après la règle des nombres entiers :

$$\begin{array}{c|c} 93848 & 346 \\ \hline 2464 & 271 \\ 428 & \\ 82 & \end{array}$$

Le quotient a pour partie entière 271.

Évaluation du quotient en décimales. Pour avoir la valeur du quotient jusqu'aux millièmes, je mets une virgule à droite de 271, et je continue la division en plaçant un zéro à la droite de chaque reste, à partir de 82, jusqu'à ce que j'aie 3 décimales au quotient.

$$\begin{array}{c|c} 93848 & 346 \\ \hline 2464 & 271,236 \\ 428 & \\ 820 & \\ 1280 & \\ 2420 & \\ 344 & \end{array}$$

Le quotient demandé est 271,236. Le reste de la division est 344 millièmes.

3ᵉ EXEMPLE. Soit à diviser 938,48 par 3,4625.

Je place 2 zéros à droite du dividende pour avoir 4 décimales comme au diviseur ; puis je supprime la virgule du dividende et celle du diviseur ; et je divise, comme dans le deuxième exemple :

$$\begin{array}{c|c} 9384800 & 34625 \\ \hline 245980 & 271 \\ 36050 & \\ 1425 & \end{array}$$

La partie entière du quotient est 271.

Évaluation du quotient en décimales. Pour avoir les dix-millièmes du quotient je place une virgule à droite de 271 ; je continue la division comme plus haut, en mettant un zéro à la droite de chaque reste, à partir de 1425, jusqu'à ce que j'aie quatre décimales au quotient.

$$
\begin{array}{r|l}
9384800 & 34625 \\ \hline
245980 & 271,0411 \\
36050 \\
142500 \\
40000 \\
53750 \\
19125
\end{array}
$$

Le quotient demandé est 271,0411. Le reste de la division est 19125 dix-millièmes.

4ᵉ EXEMPLE. Soit à calculer, à un millième près, le quotient de 150,176 par 6,08.

$$
\begin{array}{r|l}
15017,6 & 608 \\ \hline
2857 & 24,7 \\
425\ 6 \\
0\ 0
\end{array}
$$

Le reste étant nul, le quotient est exact et a pour valeur 24,7. On écrira 24,700 pour l'exprimer en millièmes, comme on le demande.

90. *D.* Lorsque le dividende est un nombre plus petit que le diviseur, comment opère-t-on la division au moyen des décimales ?

R. Lorsque le dividende est plus petit que le diviseur, on remplace au quotient la partie entière par un zéro, puis on pose la virgule. On fait ensuite la division, comme ci-dessus, en regardant le dividende comme un reste. On s'arrête lorsqu'on a les décimales demandées.

5ᵉ EXEMPLE. Soit à évaluer à un dix-millième près le quotient de 346 par 938.

$$\begin{array}{r|l} 3460 & 938 \\ \hline 6460 & 0,3688 \\ 8320 & \\ 8160 & \\ 656 & \end{array}$$

Je pose 0 et la virgule au quotient ; je pose 0 à la droite de 346, je divise selon la règle, et je continue la division en plaçant un zéro à droite de chaque reste, jusqu'à ce que j'aie la quatrième décimale.

Le quotient est 0,3688 à un dix-millième près, car il est compris entre 3688 et 3689 dix-millièmes. Le reste est de 656 dix-millièmes.

6ᵉ EXEMPLE. Soit à évaluer, à un millième près, le quotient de 6,39 par 45,2718.

Je place 2 zéros à la droite du dividende pour avoir 4 décimales comme au diviseur, je supprime la virgule du dividende et celle du diviseur ; puis je divise 63900 par 452718 comme dans le quatrième exemple.

$$\begin{array}{r|l} 639000 & 452718 \\ \hline 1862820 & 0,141 \\ 519480 & \\ 66762 & \end{array}$$

Le quotient est 141 millièmes à un millième près, car il est compris entre 141 et 142 millièmes.

Exercices.

$$\frac{1{,}63145}{24{,}35} = \frac{163{,}145}{2435} = 0{,}067 \qquad \frac{0{,}001924}{0{,}56} =$$

$$\frac{0{,}1924}{56} = 0{,}00343\ldots$$

$$\frac{634}{3{,}25} = \frac{63400}{325} = 195{,}07\ldots \qquad \frac{264}{0{,}008} = \frac{264000}{8} = 33000$$

D. Quelle est la règle générale pour diviser deux nombres décimaux l'un par l'autre?

R. Pour diviser un nombre décimal par un nombre décimal, il faut :

1° Avancer la virgule du dividende vers la droite d'autant de rangs qu'il y a de décimales au diviseur et supprimer la virgule du diviseur.

Quand le dividende a autant de décimales que le diviseur, les virgules se suppriment immédiatement de part et d'autre.

Quand le dividende a moins de décimales que le diviseur, on complète les décimales, puis on supprime les virgules ;

2° Effectuer la division selon la règle des nombres entiers. On s'arrête à la fin de la partie entière du dividende, lorsqu'on ne cherche que la partie entière du quotient.

Le *reste de la division* est formé du dernier reste qu'on fait suivre d'une virgule et de la partie décimale du dividende.

D. Quelle est la règle générale pour évaluer en décimales la partie fractionnaire d'un quotient?

R. Pour évaluer un quotient jusqu'aux unités décimales d'un certain ordre, il faut :

1° Calculer la partie entière du quotient et la faire suivre d'une virgule.

Quand le dividende est plus petit que le diviseur, on met au quotient un zéro qu'on fait suivre de la virgule;

2° Continuer la division en abaissant successivement les décimales du dividende, ou à leur défaut en plaçant un zéro à la droite de chaque reste, jusqu'à ce qu'on ait au quotient la décimale de l'ordre demandé.

Si la division se terminait avant d'avoir atteint cette décimale, on placerait à la droite du quotient les zéros nécessaires pour former le nombre de décimales demandées.

91. Peut-on toujours arriver, au moyen des décimales, à une valeur exacte du quotient ?

R. Non, on ne peut pas toujours arriver à une valeur exacte du quotient.

EXEMPLE. Soit à diviser 70 par 24.

$$\begin{array}{c|l} 70 & 24 \\ \hline 220 & 2,9166... \\ 40 & \\ 160 & \\ 160 & \\ 16 & \end{array}$$

Le quotient du quatrième dividende partiel 160 par 24 est 6; et comme on a pour *reste* le même nombre 16 que précédemment, on obtiendra le même chiffre 6 au quotient; et ainsi de suite sans pouvoir arriver à un reste nul.

92. REMARQUE 1re. Lorsqu'on parvient, dans le cours de l'opération, à un reste déjà obtenu, on est assuré que l'opération ne peut se terminer.

93. REMARQUE 2e. On approche d'autant plus de la *valeur exacte* du quotient qu'on prend un plus grand nombre de décimales.

94. REMARQUE 3e. La partie décimale qu'on néglige est

toujours plus petite qu'une unité du dernier ordre décimal qu'on conserve. Ainsi, le quotient 2,916 est exact *à un millième près ;* en effet, 2,916 est plus petit que le quotient exact, puisqu'on néglige *un reste* du dividende ; et 2,917 est trop grand, puisque ce *reste de division* étant plus petit que le diviseur, ne peut fournir une unité de plus aux millièmes du quotient.

95. REMARQUE 4ᵉ. Quand on néglige des décimales, on ajoute ordinairement *une unité* à la dernière que l'on garde, si la première de celles qu'on néglige est plus grande que 5. L'erreur est moindre dans ce cas, et elle est *par excès.* Ainsi, en prenant pour quotient 2,917, valeur *trop grande*, l'erreur est *en excès*, et cette erreur est plus petite que 4 *dix-millièmes ;* tandis qu'en prenant pour quotient approché **2,916,** l'erreur est *par défaut*, et plus grande que 6 *dix-millièmes.*

Ajouter ainsi une unité à la dernière décimale d'un nombre s'appelle *forcer sa valeur.*

—◆—

SYSTÈME MÉTRIQUE.

SEIZIÈME LEÇON.

Exposition du système métrique.

96. *D.* Qu'avons-nous appelé UNITÉ DE MESURE ou simplement UNITÉ ?

R. Nous avons appelé de ce nom toute grandeur déterminée qui sert à évaluer en nombres les grandeurs de même nature. Ainsi le *mètre* est l'*unité de mesure* des longueurs.

D. Que désigne-t-on, en général, par le mot MESURES ?

R. On désigne par le mot MESURES les instruments qui servent à comparer les quantités de diverses espèces à leurs unités respectives ; telles sont les règles portant des divisions métriques, les poids de fer ou de cuivre. Les unes sont égales aux unités elles-mêmes : le mètre, le gramme ; les autres en sont des *multiples :* la chaîne d'arpenteur de 10 mètres, le kilogramme de 1000 grammes ; ou des *sous-multiples :* le double décimètre (petite règle divisée), le décigramme (petite lame de cuivre).

Le choix des *unités* ou *mesures* avec lesquelles on évalue les objets utiles à la vie est d'une grande importance. Ce sont les gouvernements qui les établissent, et ils veillent avec soin à ce que ces mesures ne souffrent aucune altération.

97. *D.* Qu'appelle-t-on *système métrique ?*

R. On appelle *système métrique* l'ensemble des mesures qui ont le MÈTRE pour *base,* c'est-à-dire qui se déduisent du mètre.

C'est le seul système qui soit admis par la loi en France, et on le nomme pour cela *système légal des poids et mesures.*

98. *D.* Quelles sont les diverses mesures dont se compose le système métrique ?

R. Ces mesures se partagent en six classes principales :

1° Les mesures linéaires ou de *longueur* ayant pour unité le mètre,
2° Les mesures de *surface* ou de *superficie.* . le mètre carré,
3° Les mesures de *volume* ou de *solidité* . . . le mètre cube ,
4° Les mesures de *contenance* ou de *capacité.* le litre,
5° Les *poids* . . . . le gramme,
6° Les *monnaies.* . . . . le franc.

99. *D.* Comment ces mesures appartiennent-elles au système décimal ?
tème décimal ?

R. Ces mesures appartiennent au système décimal, parce qu'on les calcule par unités, dizaines, centaines, mille, etc., ou par dixièmes, centièmes, millièmes, etc., comme les nombres que nous avons étudiés jusqu'ici.

100. *D.* Quels noms a-t-on donnés aux dizaines, centaines, mille, etc., aux dixièmes, centièmes, millièmes, ... de ces mesures ?

R. Les noms qu'on leur a donnés se forment en plaçant, *en tête de l'unité principale de mesure*, les mots suivants, dont la valeur est en regard :

Mots tirés du grec.	myria. . . .	dix mille.
	kilo.	mille.
	hecto. . . .	cent.
	déca	dix.
Mots tirés du latin.	deci	dixième.
	centi	centième.
	milli	millième.

D. Que faut-il entendre par *mesure de compte* et par *mesure réelle* ?

R. Une *mesure de compte* est celle qui entre seulement dans les évaluations numériques, comme le kilomètre (1000 mètres) qu'on emploie pour mesurer les distances itinéraires. Il n'existe pas d'instrument de la longueur de 1000 mètres.

Une *mesure réelle* est un instrument en bois, en fer, etc., que l'on manie pour mesurer directement les grandeurs : le mètre, le kilogramme, le litre. On ne peut se servir que des mesures autorisées par la loi et marquées d'un poinçon officiel.

La loi n'autorise que les mesures représentant *une unité décimale*, ou le *double*, ou la *moitié de cette unité*. Comme la moitié d'une unité représente 5 unités décimales de l'ordre inférieur, on peut dire que *la loi n'autorise que les mesures qui représentent* 1, *ou* 2, *ou* 5 *unités décimales du système métri-*

que. Telles sont les mesures du double-litre, du litre, du demi-litre (5 décilitres) ; les pièces de 2 francs, 1 franc, un demi-franc (5 décimes ou 50 centimes).

1. MESURES DE LONGUEUR.

101. *D.* Quelles sont les mesures de longueur ?

R. L'*unité principale de mesure* des longueurs est le *mètre.*

C'est la quarante-millionième partie de la circonférence de la terre passant par les pôles. On en déduit les unités suivantes :

Myriamètre	valant	10000 mètres.
Kilomètre	—	1000 mètres.
Hectomètre	—	100 mètres.
Décamètre	—	10 mètres.
Mètre		unité principale.
Décimètre	valant	un dixième de mètre.
Centimètre	—	un centième de mètre.
Millimètre	—	un millième de mètre.

Les distances itinéraires se comptent par *kilomètres* et *myriamètres.* On dit : Il y a 540 kilomètres de Paris à Lyon, et non 540 000 mètres, ce qui serait incommode.

102. Les *principales mesures réelles* de longueur sont :

Le décamètre ou *chaîne d'arpenteur*, en chaînons de fer.

Le *mètre*, divisé en décimètres, centimètres et millimètres, en bois, en métal, etc. — Les mètres *en ruban* ne sont pas approuvés officiellement.

Le double décimètre, divisé en millimètres, petite règle de bois ou de métal.

La figure ci-jointe donne la longueur exacte du

4.

décimètre avec ses divisions en centimètres, et la division d'un centimètre en millimètres (*).

103. REMARQUE. On étend le nom d'*unité* au décamètre, hectomètre, ... décimètre, ...; parce que ce nom se donne aussi dans le calcul décimal aux dizaines, centaines, ... dixièmes, ...; et que de plus l'on s'en sert fréquemment pour exprimer les longueurs : une distance de 8 kilomètres, un ruban de 15 décimètres, etc.

Cette observation s'applique aux mesures suivantes.

2. MESURES DE SURFACE OU DE SUPERFICIE.

104. *D.* Quelles sont les mesures de surface ?

R. L'*unité principale de mesure* des surfaces est le *mètre carré*, ou un carré qui a un mètre de côté. Le carré est une surface qui a quatre côtés égaux et quatre angles droits.

Carré.

1° On se borne, pour les *mesures ordinaires,* aux unités suivantes :

MÈTRE CARRÉ
ou carré de 1 mètre de côté, } *unité* principale.

Décimètre carré
ou carré de 1 décimètre de côté, } valant un *centième* de mètre carré.

Centimètre carré
ou carré de 1 centimètre de côté, } valant un *dix-millième* de mètre carré.

Les grandes *mesures topographiques* s'expriment par le kilomètre carré, ou carré de 1000 mètres de côté. Il renferme 1 million de mètres carrés.

105. 2° Pour les *mesures agraires* on se sert des mots :

(*) Il est nécessaire pour rendre ces notions claires et intéressantes de montrer aux élèves les diverses mesures dont on parle, de les leur remettre entre les mains et de les exercer à s'en servir.

Hectare, valant 100 ares ou 10000 mètres carrés,

ARE, unité principale, carré de 10 mètres de côté, valant
100 mètres carrés,

Centiare, valant un *centième* d'are ou un mètre carré.

106. Il est essentiel de remarquer, afin d'éviter de graves erreurs, que pour les *surfaces* les mots dixième de mètre carré et décimètre carré, centième de mètre carré et centimètre carré, ... ne sont nullement équivalents ; car

Un mètre carré vaut   100 déc. car., ou 10000 cent. car.
Un dixième de mètre carré vaut   10   id.   1000   id.
Un centième. . . id. 1   id.   100   id.
Un millième. . . id. 10   id.
Un dix-millième. . id. 1   id.

La figure ci-jointe d'un carré A B C D, divisé en dixièmes A B H G et en centièmes A E F G, rend bien compte du mètre carré avec les subdivisions que nous venons d'indiquer.

Les unités métriques de *surfaces,* mètre carré, décimètre carré, centimètre carré, etc., étant de 100 fois en 100 fois plus petites les unes que les autres, doivent se représenter successivement chacune par des tranches de deux chiffres. D'après cela

Carré et ses subdivisions.

Un décimètre carré s'exprime par 2 chiffres décimaux 0,01
Un centimètre carré   »   par 4 chiffres décimaux 0,0001,
Un millimètre carré   »   par 6 chiffres décimaux 0,000001,
etc.

107. *D.* Comment faut-il écrire les nombres qui expriment les surfaces ?

R. On écrit la partie entière selon la règle ordinaire. Quant à la partie fractionnaire, il faut :

1° Déterminer le nombre de ses chiffres en se rappelant par combien de chiffres doit être exprimée la plus petite de ses unités métriques (106);

2° Écrire la partie décimale comme on l'énonce, lorsqu'elle renferme les chiffres nécessaires. Et, dans le cas contraire, la compléter par des zéros qu'on place d'abord après la virgule.

EXEMPLES : Soit à écrire 8 mèt. carr. 1234 centimètres carrés. Comme il y a 4 décimales et qu'un centimètre carré s'exprime par 4 chiffres, j'écris immédiatement 8 $^{\text{m. carr.}}$,1234.

Soit à écrire 12 mèt. carr. 304 millimètres carrés.

Comme un millimètre carré s'exprime par 6 décimales, j'écris, en plaçant 3 zéros après la virgule, 12 $^{\text{m. car}}$,000304.

Soit à écrire en mètres carrés 390450 centimètres carrés.

Comme un centimètre carré demande 4 décimales, j'écris, en les séparant par la virgule dans le nombre donné,

$$39 \text{ }^{\text{m. carr.}},0450.$$

Soit à écrire 5 mèt. carr., 235 millièmes de mètre carré.

Le cas présent rentre dans les règles ordinaires des fractions décimales ; on écrira 39 mèt. carr.,235, ou mieux 39 mèt. carr.,2350, ce qui donne des centimètres carrés.

108. REMARQUE 1re. Les décimales du mètre carré, *prises deux à deux* à partir de la virgule, ayant la *même dénomination métrique,* il en résulte que si on énonçait un nombre par chacune de ses *unités métriques,* par exemple, le nombre 3 mètres carrés, 5 décimètres, 29 millimètres, 40 dix-millimètres carrés ; on écrirait successivement ses diverses parties à mesure qu'on les désignerait, en remplaçant par *deux zéros* chaque ordre d'*unités métriques* qui manquerait et en plaçant *un zéro* à gauche du chiffre qui serait seul dans un ordre.

Ainsi le nombre précédent s'écrira 3 $^{\text{m. carr.}}$,050040.

REMARQUE 2e. On pourrait énoncer également la partie entière d'un nombre qui exprime une surface, en désignant successivement les *unités métriques* qui le composent. Au lieu de vingt mille trois cent quarante-cinq mètres carrés, seize décimèt. carrés, on pourrait dire :

23 hectomèt., 31 décamèt., 45 mèt., 16 décim. carrés.

On l'écrirait alors en suivant la règle donnée dans la remarque précédente. Mais cette méthode serait incommode.

109. *D.* Comment faut-il lire les nombres qui expriment les surfaces ?

R. Il faut :

1° Reconnaître la valeur *métrique* de la dernière unité *décimale.* On y arrive aisément en divisant les décimales, à partir de la virgule, en tranches de deux chiffres, et ajoutant un zéro, s'il le faut, pour compléter la dernière tranche ;

2° Lire la partie entière et la partie décimale, selon la règle ordinaire ; et donner à cette dernière le nom de sa plus faible unité métrique.

EXEMPLES : Lire le nombre 528 mèt. carr.,3241056.

Je divise la partie décimale en tranches de 2 chiffres, à partir de la virgule, comme il suit :

528^{mèt. carrés},32 | 41 | 05 | 60

décim. car.   centim. car.   millim. car.   dix.millim. car.

Et je place un zéro à la suite de 6 pour avoir une tranche complète. Je trouve des dix-millimètres carrés pour les plus faibles unités métriques, et je lis 528 mètres carrés 32 410 560 dix-millimètres carrés.

Lire le nombre 30 m. carr.,04005.

Les décimales, avec un zéro de plus à la droite, 04|00|50 expriment des millimètres carrés. Je lis 39 m. car.,4005 mill. car.

Lire le nombre 1004 m. car.,0008.

Les décimales expriment des centimètres carrés. Je lis
1004 m. car. 8 centimètres carrés.

Lire 248 hectares 067.

$$248, \ | \ 06 \ | \ 70$$

Je trouve des centiares pour les plus faibles unités métriques. Je lis

248 hectares 670 centiares.

110. *Mesures réelles.* Il n'y a pas d'instrument adopté pour mesurer les *surfaces* ; la géométrie donne le procédé à suivre pour en déterminer les grandeurs. Nous dirons seulement que si une surface est *carrée*, sa mesure s'obtient en multipliant la longueur d'un côté par elle-même ; ainsi un mur *carré* de 3^m,6 de côté a une surface de $3,6 \times 3,6 = $ 12 $^{m. car.}$, 96 $^{décim. car.}$. Si une surface est un *carré long* ou *rectangle*, sa mesure s'obtient en multipliant sa longueur par sa largeur ; ainsi un mur *rectangulaire* de 6^m,8 de longueur sur 3^m,5 de hauteur a pour surface $6,8 \times 3,5 = 23$ $^{mèt. car.}$ 80.

DIX-SEPTIÈME LEÇON.

Exposition du système métrique.

3. MESURES DE VOLUME OU DE SOLIDITÉ.

111. *D.* Quelles sont les mesures de volume ou de solidité ?

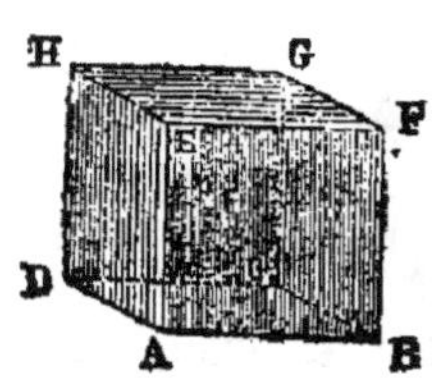

R. L'*unité principale de mesure* des *volumes* est le *mètre cube*, ou un cube qui a un mètre de côté. Le cube, de la forme d'un dé à jouer, est un volume qui a six faces carrées égales et parallèles.

1° Pour les *mesures ordinaires* on a les unités suivantes :

MÈTRE CUBE
ou cube de 1 mètre de côté, } unité principale.

Décimètre cube
ou cube de 1 décim. de côté, } valant un millième de mèt. cub.

Centimètre cube
ou cube de 1 centim. de côté, } valant un millionième   id.

112. 2° Dans la mesure du bois de chauffage le *mètre cube se nomme* STÈRE. On n'emploie que les unités suivantes :

Décastère   valant   10 stères,
STÈRE   »   un mètre cube, unité principale,
Décistère   »   un dixième de stère.

113. Il est essentiel de remarquer, afin d'éviter de grandes erreurs, que pour les *volumes* les mots dixième de mètre cube et décimètre cube, centième de mètre cube et centimètre cube, ... diffèrent encore plus que pour les surfaces. Car

Un mètre cube vaut		1000 déc. cub. ou	1000000	cent. cub.
Un dixième de mètre cube vaut	100	id.	100000	id.
Un centième	id.	10	id.	10000	id.
Un millième	id.	1	id.	1000	id.
Un dix-millième	id.			100	id.

Etc.

La figure ci-jointe d'un cube ABCDEFGH nous offre :
Un dixième de cube dans la tranche . . . ABCDIJKL,
Un centième de cube . . . . AMNDIOPL,
Un millième de cube dans le petit cube. . AMQRIOST.

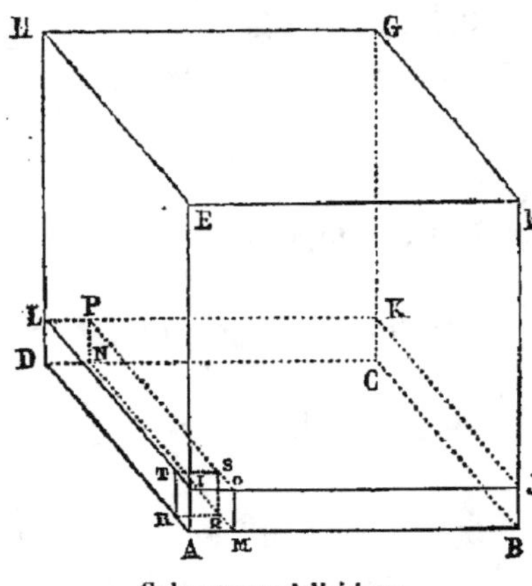

Cube et ses subdivisions.

Supposons les arêtes AB, BC, etc. du grand cube égales à 1 mètre, ce cube sera un *mètre cube.*

Les côtés AB, BC, CD, DA étant divisés en 10 parties égales sont des *décimètres* de longueur.

Le *petit cube* C, dont nous supposons aussi la hauteur égale à un décimètre, est par là même un *décimètre cube.* Or, il n'est que la *millième partie* du grand cube.

En effet, on peut poser sur sa base ABCD 100 cubes égaux à C. On aura alors une tranche de 100 cubes de 1 décimètre de hauteur ; mais le grand cube en contient 10 de cette grandeur, donc il renferme 100 × 10 ou 1000 *petits cubes.*

On voit en même temps qu'un *dixième de mètre cube* renferme 100 *décimètres cubes.*

Cette figure donne l'idée exacte du mètre cube et des subdivisions que nous venons d'indiquer.

Les unités métriques de *volume,* mètre cube, décimètre cube, centimèt. cube, etc., étant de 1000 fois en 1000 fois plus petites les unes que les autres, doivent se représenter successivement chacune par des tranches de 3 chiffres. D'après cela

Un décimètre cube s'exprime par 3 chif. décim. 0,001,
Un centimètre cube   »   par 6 chif. décim. 0,000 001,
Un millimètre cube   »   par 9 chif. décim. 0,000 000 001,
    etc.

114. *D.* Comment faut-il écrire les nombres qui expriment les volumes ?

R. On écrit la partie entière, selon la règle ordinaire.

Quant à la partie fractionnaire, il faut :

1° Déterminer le nombre de ses chiffres en se rappelant par combien de chiffres doit être exprimée la plus petite de ses unités métriques (113) ;

2° Écrire la partie décimale comme on l'énonce, lorsqu'elle renferme les chiffres nécessaires. Et, dans le cas contraire, la compléter par des zéros qu'on place d'abord après la virgule.

EXEMPLES. Soit à écrire 6 mèt. cubes, 1245 centimètres cubes.

Comme un millimètre cube s'exprime par 6 décimales, j'écris en plaçant 2 zéros après la virgule,

$$6^{\text{ m. cub.}},001245.$$

Soit à écrire 18 mèt. cub. 40005 millimètres cubes.

Comme un millimètre cube s'exprime par 9 décimales, j'écris, en plaçant 4 zéros après la virgule,

$$18^{\text{ m. cub.}},000040005.$$

Soit à écrire en mètres cubes, 12345678 centimètres cubes.

Comme un centimètre cube demande 6 décimales, j'écris, en les séparant par la virgule dans le nombre donné,

$$12^{\text{ m. cub.}},345678.$$

Soit à écrire 4 mèt. cubes 2345 dix-millièmes de mèt. cub.

Le cas présent rentre dans les règles ordinaires des fractions décimales ; on écrira 4 mèt. cubes,2345, ou mieux 4 mèt. cubes,234500, ce qui donne des centimètres cubes.

115. REMARQUE 1re. Les décimales du *mètre cube, prises trois à trois* à partir de la virgule, ayant la *même dénomination métrique,* il en résulte que si on énonçait un nombre par chacune de ses *unités métriques,* par exemple, le nombre 3 mèt. cubes, 5 décimètres, 129 millimètres, 40 dix-millimètres cubes ; on écrirait successivement ses diverses parties à mesure qu'on les désignerait, en remplaçant par *trois zéros* chaque ordre d'*unités métriques* qui manquerait, et en plaçant *un ou deux zéros* à gauche dans les ordres qui n'auraient que deux chiffres ou un seul chiffre.

Ainsi le nombre précédent s'écrira :

$$3^{\text{m. cub.}},0050001290 40.$$

REMARQUE 2e. On pourrait énoncer également la partie entière d'un nombre qui exprime un volume, en désignant successivement les *unités métriques* qui le composent. Au lieu de vingt-trois mille cent quarante-cinq mètres cubes, seize décimètres cubes, on pourrait dire

23 décamètres, 145 mètres, 16 décimètres cubes.

On l'écrirait alors en suivant la règle donnée dans la remarque précédente. Mais cette méthode serait incommode.

116. *D.* Comment faut-il lire les nombres qui expriment les volumes ?

R. Il faut :

1° Reconnaître la valeur *métrique* de la dernière unité *décimale.* On y arrive aisément en divisant les décimales, à partir de la virgule, en tranches de trois chiffres, et ajoutant un ou deux zéros, s'il le faut, pour compléter la dernière tranche.

2° Lire la partie entière et la partie décimale, selon la règle ordinaire, et donner à cette dernière le nom de sa plus faible unité métrique.

EXEMPLES. Lire le nombre 528 mèt. cub.,1234005.

Je divise la partie décimale en tranches de 3 chiffres, à partir de la virgule, comme il suit :

$$528^{\text{mèt. cub.}},123 \mid 400 \mid 500$$

décim. cub.   centim. cub.   millim. cub.

Et je place deux zéros à la droite de 5 pour avoir une tranche complète. Je trouve des millimètres cubes pour les plus faibles unités métriques.

Je lis ensuite : 528 mèt. cubes, 123 400 500 millimètres cubes.

Lire le nombre 39 mèt. cub.,041000607.

Les décimales 041 000 607 expriment des millimètres cubes. Je lis

39 mèt. cubes 41 000 607 millimètres cubes.

117. *Mesures réelles.* Il n'y a pas d'instrument reçu pour mesurer les *volumes* ou *solides*, le bois de chauffage excepté ; la géométrie donne le procédé à suivre pour en déterminer les grandeurs. Nous dirons seulement que si un volume est *cubique*, sa mesure s'obtient en multipliant la longueur d'une arête deux fois par elle-même ; ainsi, un cube de pierres, de $2^m,5$ de longueur pour chacune de ses arêtes, a pour volume $2,5 \times 2,5 \times 2,5 = 15^{\text{ m. cub.}},625^{\text{ décim. cub.}}$ Si un volume est .un *cube allongé* (ou parallélipipède rectangle), sa mesure s'obtient en faisant le produit de 3 arêtes contiguës ; ainsi un solide de cette forme, dont les longueurs de 3 arêtes contiguës sont $3^m,52$, $2^m,64$, $2^m,10$, a pour mesure $3,52 \times 2,64 \times 2,10 = 19^{\text{ m. cub}},514\,880^{\text{ centim. cub.}}$

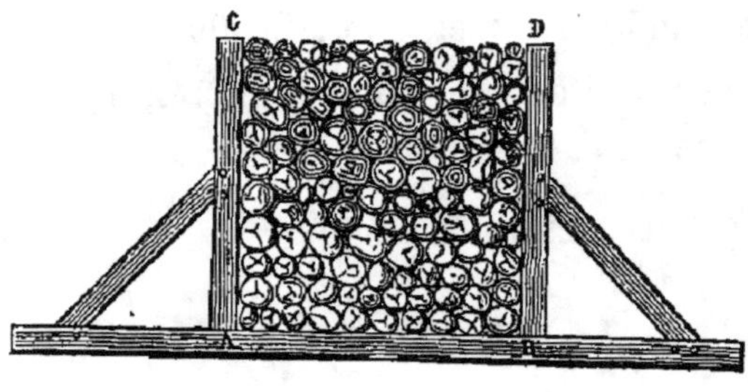

Stère.

Le STÈRE est la mesure du bois de chauffage. Il consiste essentiellement en une pièce horizontale AB nommée *sole* et en deux *montants* verticaux AC, BD. L'écartement AB des montants et leur hauteur est de 1 mètre, quand les bûches ont 1 mèt. de longeur. A Paris, les bûches ayant 1^m,14 de long, les montants n'ont que 88 centimètres de hauteur.

4. MESURES DE CONTENANCE ET DE CAPACITÉ.

118. *D.* Quelles sont les mesures de contenance ou de capacité ?

R. L'unité principale de mesure de capacité est le LITRE. *C'est un vase dont la contenance équivaut à un décimètre cube.* Le litre sert à mesurer les matières *liquides* et les matières *sèches* comme le froment, la farine, etc.

Pour les *mesures ordinaires* on a les unités suivantes :

Hectolitre	valant	100 litres,
Décalitre	id.	10 litres,
LITRE	id.	un déc. cub. unité principale,
Décilitre	id.	un dixième de litre,
Centilitre	id.	un centième de litre.

119. *Mesures réelles.* On leur donne à toutes la forme cylindrique, qui est plus commode que la forme cubique.

Pour les liquides.

Mesures en cuivre, en fonte ou en tôle, leur profondeur est égale à leur diamètre.

Noms.	Valeurs.
Hectolitre.	100 litres.
Demi-hectolitre	50
Double-décalitre.	20
Décalitre	10
Demi-décalitre	5

Litre en métal.

Mesures en étain ou en fer-blanc ; la profondeur des premières est double de leur diamètre, la profondeur est égale au diamètre dans les secondes.

Noms.	Valeurs.
Double-litre.	2 litres,
LITRE	1 litre,
Demi-litre	$0^l,5$
Double-décilitre.	0,2
Décilitre	0,1
Demi-décilitre	0,05
Double-centilitre	0,02
Centilitre	0,01

Pour les matières sèches.

Mesures ordinairement en bois : leur profondeur est égale à leur diamètre. *Hectolitre,* demi-hectolitre, double-décalitre, *décalitre,* demi-décalitre, double-litre, LITRE, demi-litre, double-décilitre, *décilitre,* demi-décilitre.

Litre en bois.

120. REMARQUE. C'est uniquement pour la facilité du commerce, que la loi admet dans les *mesures réelles de capacité,* dans les *poids* et dans les *monnaies,* outre les multiples et sous-multiples décimaux, les multiples 5 et 2 et le sous-multiple un *demi*. Mais, a-t-on déjà observé, comme la *moitié d'une unité décimale d'un ordre* quelconque est égale à 5 unités décimales de l'*ordre inférieur* (un demi-hectolitre, par exemple, est égal à 5 *décalitres*), on n'a réellement introduit parmi les *mesures décimales* que les multiples 5 et 2. Ce choix tient à la propriété qu'ils ont d'être les seuls *facteurs* du nombre 10, *base du système décimal.*

——⋄——

DIX-HUITIÈME LEÇON.

Exposition du système métrique.

5. MESURES DE POIDS.

121. L'*unité principale de mesure* pour les poids est le GRAMME. Le gramme est le poids, dans le vide, de 1 centimètre cube d'eau distillée à la température de 4 degrés centigrades. L'eau atteint alors la plus grande densité.

On a, pour les *mesures ordinaires*, les unités suivantes :

Noms.	Valeurs.
Millier.	1000 kilogrammes,
Quintal.	100 kilogrammes,
Myriagramme.	10000 grammes,
KILOGRAMME.	1000 grammes,
Hectogramme.	100 grammes,
Décagramme.	10 grammes,
GRAMME	unité principale,
Décigramme	un dixième de gramme,
Centigramme.	un centième de gramme,
Milligramme	un millième de gramme.

Le *millier* ou *tonneau de mer* est le poids du mètre cube d'eau.

Le *kilogramme*, étant un poids commode pour les pesées communes, est devenu l'unité la plus usuelle. On compte ordinairement par kilogrammes, dont les dixièmes sont des hectogrammes et les centièmes des grammes.

Le *gramme* sert à peser les choses légères, précieuses, etc.

122. *Mesures réelles.*

Noms.	Valeurs en gramm.	Noms.	Valeurs en gramm.
50 kilogrammes . .	50 000	Demi-décagramme. . .	5
20 id. . .	20 000	Double-gramme. . . .	2
10 id. . .	10 000	GRAMME	1
5 id. . .	5 000	Demi-gramme.	0,5
Double-kilogramme.	2 000	Double-décigramme. .	0,2
Kilogramme. .	1 000	*Décigramme*	0,01
Demi-kilogramme .	500	Demi-décigramme. . .	0,05
Double-hectogram..	200	Double-centigramme. .	0,02
Hectogramme. .	100	*Centigramme.* . . .	0,01
Demi-hectogramm.	50	Demi-centigramme. . .	0,005
Double-hectogram..	20	Double-milligramme. .	0,002
Décagramme . .	10	*Milligramme*	0,001

Poids en fer.

Poids en cuivre.

Les poids en fonte de fer sont de 50 kilogrammes à un demi-hectogramme inclusivement.

Les poids cylindriques en cuivre sont de 20 kilogrammes à un gramme inclusivement.

Les poids en lames de laiton carrées sont d'un demi-gramme à un milligramme inclusivement.

Poids en cuivre.

Il y a encore des poids en cuivre dans la forme de godets coniques qui s'empilent les uns dans les autres, et dont le plus grand est une boîte qui les renferme tous.

On se sert de *balances* pour peser. Une bonne balance doit être sensible, c'est-à-dire trébucher par l'addition du plus léger poids : et de plus, il faut qu'en échangeant les poids contre l'objet pesé, l'équilibre ne cesse pas de subsister.

Si une balance sensible *n'est pas juste*, on aura néanmoins des pesées justes par le procédé suivant : on établit l'équilibre entre l'objet à peser et d'autres objets quelconques, puis on remplace l'objet à peser par des poids jusqu'à ce que l'équilibre existe de nouveau. Les poids employés indiquent le poids exact de l'objet en question.

123. Les poids en usage doivent porter, gravés lisiblement, le nombre de grammes qu'ils renferment et le poinçon du gouvernement.

6. MONNAIES.

124. *D.* Comment les monnaies sont-elles des mesures ?

R. Les monnaies nous représentent les valeurs des objets qui entrent dans le commerce ; elles sont par là, en un sens véritable, les mesures de ces valeurs, et c'est ainsi qu'on les range parmi les mesures.

Les monnaies appartiennent au système décimal par leurs divisions, leurs poids et leurs grandeurs.

125. Le FRANC *est l'unité principale :* c'est une pièce ronde d'argent du poids de 5 grammes et ayant 23 millimètres de diamètre. Il y entre un dixième en poids de cuivre.

Toutes les monnaies se rattachent au franc, comme le montre le tableau suivant :

NOMS et VALEURS.	POIDS EXACT en GRAMMES.	TOLÉRANCE en millièmes DU POIDS.	DIAMÈTRE en MILLIMÈTRES.
	fr. c.	gr.		
Or . . . 100 00	32,258	1	35
— 50 00	16,129	2	28
— 20 00	6,45164	2	21
— 10 00	3,22580	2	19
— 5 00	1,61290	3	17
Argent. 5 00	25	3	37
— 2 00	10	3	27
— 1 00	5	5	23
— 0 50	2,50	7	18
— 0 20	1	10	15
Bronze. 0 10	10	10	30
— 0 5	5	10	25
— 0 2	2	15	20
— 0 1	1	15	15

126. En France les monnaies d'or et d'argent contiennent 9 *dixièmes* de métal pur et 1 *dixième* de cuivre. Le *titre des monnaies*, ou leur degré de pureté, s'énonce en *millièmes*; le titre légal ou *sans tolérance* est donc 0, 900 ou 900 millièmes.

La monnaie de bronze est composée de 95 parties de cuivre, de 4 d'étain et de 1 de zinc.

La *tolérance* du titre est l'*erreur tolérée* par la loi en plus ou en moins, à cause de la difficulté de la fabrication, elle est de 1 à 3 millièmes du poids de la pièce pour l'or ; de 3 à 10 millièmes pour l'argent ; de 10 à 15 millièmes pour le bronze.

On ne frappe plus de pièces de 40 francs. On frappe peu de pièces de 100 francs et de 50 francs.

127. L'admission dans les monnaies, comme dans les *mesures de capacité* et dans les *poids*, des multiples 5 et 2 donne les pièces de 50 fr., 20 fr. et 5 fr. en or ; les pièces de 5 fr.,

2 fr., 50 cent., 20 cent. en argent ; et celles de 5 cent., 2 cent. en bronze.

128. 19 pièces de 5 francs et 11 pièces de 2 francs donnent 1 mètre de longueur. Il en est de même de 20 pièces de 2 francs et 20 pièces de 1 franc, sans tenir compte toutefois de la saillie des lettres de la tranche ou de celle de la canelure.

Dans notre système monétaire, le prix de l'or est 15 fois et demie le prix de l'argent, mais il tend à baisser.

129. *D.* Comment est-on sûr qu'une mesure est exacte ?

R. Le gouvernement ayant adopté le système métrique, veille à ce que les mesures soient exactes. Toutes celles qu'on vend doivent être vérifiées auparavant par des employés du gouvernement et porter la marque de cette vérification.

130. *D.* Quelles sont les mesures du temps et de la circonférence ?

R. I. Le *temps* se compte par :

$$\begin{array}{llll}
\text{siècle de} & 100 & \text{ans.} \\
\text{an de} & 365 & \text{jours.} \\
\text{jour de} & 24 & \text{heures.} \\
\text{heure de} & 60 & \text{minutes (').} \\
\text{minute de} & 60 & \text{secondes (").}
\end{array}$$

Le jour est le temps que le soleil *paraît mettre* à revenir au même point du ciel.

131. II. La circonférence se divise en   360 degrés.
Le degré (°)   60 minutes.
La minute (')   60 secondes.
La seconde (")   60 tierces.

Il ne faut pas confondre les minutes, secondes..., de temps avec les divisions de même nom de la circonférence.

On se sert peu encore de la division décimale, dans laquelle la circonférence est divisée en 400 grades, le grade en 100 minutes, la minute en 100 secondes, la seconde en 100 tierces, etc.

TABLEAU DU SYSTÈME MÉTRIQUE DES POIDS ET MESURES.

Le quart du méridien terrestre est la base du système métrique, le MÈTRE *en est l'unité fondamentale et le nombre 10 le diviseur unique.*

MOTS MULTIPLES.				UNITÉS.	MOTS SOUS-MULTIPLES.		
10 000	1 000	100	10		10^e	100^e	1 000^e
myria.	KILO[1].	hecto.	déca.	**MÈTRE** pour les mesures de longueur.	déci.	centi.	milli.
		hecto [2].		**ARE** pour les mesures agraires.		centi.	
			déca.	**STÈRE** pour les mesures de solidité.	déci.		
	kilo.	hecto.	déca.	**LITRE** pour les mesures de capacité.	déci.	centi.	*milli* [4].
myria.	KILO[3].	hecto.	déca.	**GRAMME** pour les mesures de poids.	déci.	centi.	milli.
				FRANC pour les monnaies.	décime.	centime.	*millième* [4].

[1] Le kilomètre est l'unité usuelle des mesures itinéraires.
[2] On dit Hectare et non Hectoare.
[3] Le kilogramme est l'unité la plus usuelle des poids.
[4] Le *millilitre*, le *millième*, mesures auxiliaires de compte, se suppriment dans les résultats.

132. *D.* Quelles sont les règles de calcul à suivre dans les applications du système métrique ?

R. Ce sont celles du calcul décimal, car le système métrique est lui-même décimal.

Il suffit, en les appliquant, de se conformer aux règles de la nomenclature des diverses mesures. C'est ce que nous avons déjà fait dans beaucoup d'exemples et ce que nous ferons dans la plupart des problèmes qui suivent.

Nous rappellerons seulement ici divers changements qu'on peut opérer sur les nombres que donne le système métrique.

133. *D.* Étant donné un nombre exprimé en unités d'*un seul ordre*, comment le décomposer en unités de *divers ordres?*

R. On détermine quels sont les chiffres des ordres assignés, on trace à leur droite une barre verticale, ce qui les divise en tranches qu'on lit comme si chacune était seule.

1er EXEMPLE : 620456 mètres, 817. Décomposer ce nombre en kilomètres, décamètres et centimètres.

Solution. 0 est le chiffre des kilomètres (4$^\text{e}$ ordre), 5 celui des décamètres (2$^\text{e}$ ordre), 1 celui des centimètres (2$^\text{e}$ ordre décimal). J'écris donc :

$$620 \mid 45 \mid 681 \mid 7$$

et je lis : 620 kilomètres, 45 décamètres, 681 centimètres, 7 millimètres.

2$^\text{e}$ EXEMPLE : 34501 litres, 02. Décomposer ce nombre dans ses unités métriques.

Solution. 4 est le chiffre des kilolitres, la 4$^\text{e}$ et la plus *haute* des unités du litre. J'écris immédiatement et je lis :

34 kilolitres, 5 hectolitres, 1 litre, 2 centilitres, en passant les décalitres et les décilitres qui ont 0 pour valeur.

134. *D.* Étant donné un nombre exprimé en unités de *divers ordres,* comment l'exprimer en unités d'*un seul ordre?*

R. On écrit ce nombre, d'après la règle du système décimal, de manière que chaque chiffre ait à sa droite le chiffre de l'ordre immédiatement inférieur, et on place la virgule à droite du chiffre des unités assignées. S'il manque des ordres intermédiaires, on les remplace chacun par un zéro.

1er EXEMPLE : 10 myriamètres, 5 hectomètres, 8 mètres, 9 millimètres.

Exprimer cette longueur :

En décamètres, on écrira   10050 décam., 8009.
En mètres   100508 mètres, 009.
En kilomètres   100 kilom., 508009.

On a mis un zéro à la place de chaque ordre d'unités qui manque dans l'énoncé du nombre ; puis on a reconnu le chiffre qui exprime les unités de l'ordre qu'on demande ; enfin on a placé la virgule à sa droite.

2e EXEMPLE : 5 kilogrammes, 4 hectogrammes, 8 grammes, 45 milligrammes.

Exprimer ce poids :

En grammes, on écrira   5408 gram., 045.
En décagrammes   540 décagr., 8045.
En centigrammes   540804 centigr., 5.

3e EXEMPLE : 89 grammes, 54 centigrammes. Exprimer ce poids en kilogrammes.

Solution. Le kilogramme est de *deux ordres supérieurs* au *décagramme,* on placera donc 0, à la partie entière ; et de plus 0 pour les hectogrammes, qui manquent par rapport aux kilogrammes dans l'énoncé du nombre. En conséquence on écrira :

0 kilogr., 08954.

135. *D.* Étant donné un nombre exprimé en unités d'*un certain ordre*, comment exprimer ce nombre en unités d'*un autre ordre*?

R. On détermine quel est le chiffre qui appartient à l'ordre demandé et on transporte la virgule à sa droite.

1er EXEMPLE. 2346 mètres, 528. Exprimer ce nombre :

En kilomètres, on aura	2 kilom.,	346528.
En décamètres	234 décam.,	6528.
En centimètres	234652 centim.,	8.

2e EXEMPLE. 34 grammes, 5. Exprimer ce nombre en kilogrammes.

Solution. Le kilogramme est de *deux ordres supérieurs* aux décagrammes qui sont les plus *hautes unités* du nombre donné : on placera donc 0, à la partie entière, puis encore 0 à la place des hectogrammes et on écrira : 0 kilogr., 0345.

S'il fallait exprimer le nombre en milligrammes, on placerait deux zéros à la droite de 34, gr. 5, ce qui donnerait 34,500, et on supprimerait la virgule ; d'où 34500 milligrammes pour le nombre demandé.

MÉTHODES DE CALCUL
POUR LA RÉSOLUTION DES PROBLÈMES.

DIX-NEUVIÈME LEÇON.

Règle des moyennes.

136. *D.* Quel est l'objet de la règle des moyennes ?
R. La règle des moyennes a pour objet, en général, de

trouver une *valeur moyenne* entre plusieurs valeurs ou résultats qui ne s'accordent pas entre eux.

137. *D.* Comment obtient-on la valeur moyenne?

R. La valeur moyenne s'obtient en divisant la somme des résultats par leur nombre.

1ᵉʳ EXEMPLE. On a mesuré 5 fois la hauteur d'une tour, et on a trouvé successivement : 35 m. 69, puis 34 m. 95, puis 35 m. 20, puis 35 m. 55, enfin 35 m. 05. Quelle est la hauteur de la tour?

Solution. La valeur la plus sûre est la *valeur moyenne* ou le quotient de la somme des hauteurs divisée par 5.

$$35^{m},69$$
$$34\ ,95$$
$$35\ ,20$$
$$35\ ,55$$
$$35\ ,05$$

Somme $176^{m},44$

$$\frac{176^{m},44}{5} = 35^{m},288.$$

La valeur moyenne de la hauteur de la tour est 35 m. 29.

2ᵉ EXEMPLE. On mêle 3 sortes de vins de Bordeaux, savoir : 50 litres à 75 cent., 120 lit. à 85 cent., 80 lit. à 1 fr. Quel est le prix du mélange?

On a pour	50 lit. à	75 cent.	37 fr. 50
	120	85	102 00
	80	1,» »	80 00
Total	250 litr.	Total	219 fr. 50

Le question est ramenée à celle-ci : Quand 250 lit. valent 219 fr. 50, quel est le prix du litre?

$$\text{Réponse : Il vaut } \frac{219 \text{ fr. } 50}{250} = 0 \text{ fr. } 878.$$

La valeur du mélange est de 88 cent. le litre.

3ᵉ EXEMPLE. Le bronze des canons et des statues est composé de 11 kilogrammes d'étain sur 100 kilogrammes de cuivre. On demande à combien revient le kilogramme de bronze, l'étain valant 2 fr. 75 c. le kilogramme et le cuivre 1 fr. 60 c.

Solution.

$$
\begin{array}{llll}
 & \text{kilogr.} & \text{fr.} & \text{fr.} \\
\text{Les} & 11 & \text{d'étain valent } 2,75 \times 11 = & 30,25 \\
\text{les} & \underline{100} & \text{de cuivre. . . } 1,60 \times 100 = & 160 \\
\text{les} & 111 & \text{de bronze. . . . .} & 190,25 \\
\text{d'où} & 1 & \text{de bronze vaut. . . . . .} & \dfrac{190,25}{111} = 1,71\ldots
\end{array}
$$

Le kilogramme de bronze revient à 1 fr. 71 c. à très-peu près.

4ᵉ EXEMPLE. Six thermomètres, réputés également bons, indiquent le 8 décembre, à huit heures du matin six températures différentes, savoir : *au-dessus de zéro*, 0°,05, et 0°,09, et 0°, et 0°,11 ; *au-dessous de zéro,* 0°,12, et 0°09. Quelle est la température moyenne de ce jour pour huit heures ?

On a

Degrés au-dessus de 0   Degrés au-dessous de 0

$$
\begin{array}{ll}
+\,0,05 & \\
+\,0,09 & \\
+\,0,00 & -\,0,12 \\
\underline{+\,0,11} & \underline{-\,0,09} \\
\text{Somme } +\,0,25 & \text{Somme } -\,0,21
\end{array}
$$

Différence des 2 sommes.   Valeur moyenne.

$$
\begin{array}{ll}
+\,0,25 & \\
\underline{-\,0,21} & \dfrac{+\,0,04}{6} \quad 0°006\ldots \\
+\,0,04 &
\end{array}
$$

La différence étant *positive,* la température *moyenne* est au-dessus de 0 ; et sa valeur 0,04 étant divisée par 6, nombre des observations, *on a + 0°,01 pour la température la plus probable* de huith. La deuxième décimale 0 a été *forcée* parce que la suivante est 6.

5ᵉ EXEMPLE. On ajoute à 68 litres de vin à 0 fr. 82 cent., 10 litres d'eau et 2 litres d'eau-de-vie à 2 fr. 50. A combien revient le litre de mélange ?

$$
\begin{array}{llll}
& & \text{fr.} & \text{fr.} \\
\textit{Solution.}\ 68\ \text{lit. de vin} & \text{à } 0,82 \text{ valent} & 55,76 \\
10\ \text{lit. d'eau} & \text{à } 0 & 0 \\
2\ \text{lit. d'eau-de-vie} & \text{à } 2,50 & 5 \\
\hline
\text{Total. } 80\ \text{lit. de mélange.} & \ldots & 60,76 \\
\text{d'où } 1\ \text{lit.} & \ldots & \dfrac{60,76}{80} = 0,759
\end{array}
$$

Le litre du mélange revient à 0 fr. 76 centimes.

138. *D.* Comment étend-on la règle des moyennes au cas où l'on demande quelles doivent être les quantités à prendre pour obtenir une valeur moyenne déterminée ?

R. La règle, qui embrasse aussi ces autres cas, exige des calculs particuliers ; en voici quelques exemples.

6ᵉ EXEMPLE. On veut mélanger du vin à 70 cent. le litre avec du vin à 86 cent., de manière que le mélange vaille 80 cent. le litre. Dans quelle proportion faut-il unir ces deux liquides ?

Solution. Prix inférieur 70 cent. 10 différence en moins,
avec le prix moyen.

Prix moyen 80 cent.
Prix supérieur 86 cent. 6 différence en plus,
avec le prix moyen.

Somme 16

5.

La différence en moins de 70 à 80 étant 10, celle en plus de 86 à 80 étant 6, on résoudra le problème en prenant 10 lit. au prix supérieur de 86 cent.,

et 6 lit. au prix inférieur de 70 cent.

Preuve. Les 10 litres à 86 c. valent $10 \times 86 = 8$ fr. 60 c.

6 lit. à 70 $6 \times 70 = 4$ 20

Valeur totale 12 fr. 80 c.

Or, les 16 litres réunis valent, à 80 cent. le litre, $16 \times 80 = 12$ fr. 80 c., même valeur. Donc le mélange est fait dans les proportions voulues.

139. REMARQUE. Tous les *mêmes multiples* de 10 et 6, c'est-à-dire tous les *produits* de 10 et 6 par le *même nombre,* satisfont à la question. Par exemple 50 et 30. En effet, on a

50 lit. $\times$ 86 c. $= 43$ fr. 00   50 lit.

30 $\times$ 70 $= 21$ 00   30

Somme 64 00   Somme 80 lit.

Or, 80 lit. $\times$ 80 cent. $= 64$ fr. 00 valeur égale.

Cette remarque s'applique à tous les problèmes de même espèce.

7ᵉ EXEMPLE. Pour mélanger des blés à 23 fr., à 22 fr., à 18 fr., à 16 fr. l'hectolitre, de manière que l'hectolitre du mélange revienne à 20 fr., combien faut-il prendre de chaque sorte?

Solution. 23   3 hect. à 18 fr. $= 54$ fr.

22   2 id. 16 $= 32$

20

18   2 id. 23 $= 46$

16   4 id. 22 $= 88$

Preuve 11 hect. à 20 fr. $= 220$ fr.

RÉPONSE. On prendra 3 hectol. à 18 fr., 2 hectol. à 16 fr., 2 hectol. à 23 fr. et 4 hectol. à 22 fr.

8ᵉ **EXEMPLE.** On veut mélanger du blé à 21 fr. l'hectolitre avec du blé à 18 fr. et à 16 fr., de manière que l'hectolitre du mélange revienne à 19 fr., combien faut-il en prendre de chaque prix ?

Solution. 21   2 hect. à 18 fr. $=$ 36 fr.
        21   2   id.   16 $=$ 32
          19
       18   1   id.   21 $=$ 21
       16   3   id.   21 $=$ 63
Preuve   8 hect. à 19 $=$ 152 fr.

On prendra pour ce mélange 2 hectol. à 18 fr., 2 hectol. à 16 fr., 1 *plus* 3 ou 4 hectol. à 21 fr.

REMARQUE. On a répété la quantité supérieure pour la symétrie du calcul. On aurait pu se contenter de l'écrire une fois, en faisant les quatre produits.

On trouvera dans les *Leçons d'Arithmétique* d'autres applications de cette méthode.

———◦◆◦———

VINGTIÈME LEÇON.

Méthode de réduction à l'unité.

140. *D.* Qu'appelle-t-on MÉTHODE DE RÉDUCTION A L'UNITÉ ?

R. La MÉTHODE DE RÉDUCTION A L'UNITÉ est une manière simple de résoudre un grand nombre de questions importantes, qui consiste essentiellement à déterminer la valeur de *l'unité* d'une certaine quantité, puis à en déduire la valeur de la quantité elle-même.

Il suffit ordinairement d'une division pour avoir la valeur de l'unité, puis d'une multiplication pour avoir celle de la quantité en question.

En voici plusieurs exemples.

1ᵉʳ EXEMPLE. 12 volumes ont coûté 36 francs. Combien 50 volumes coûteront-ils ?

Solution. Il faut trouver le prix de 1 volume, puis le multiplier par 50.

Si 12 vol. coûtent   36 fr.

1   coûte 12 fois *moins* ou $\dfrac{36}{12} =$ 3

50   coût. 50 fois *plus* ou $3 \times 50 = 150$ fr.

Les 50 volumes coûteront 150 fr.

On a obtenu le prix d'un seul volume par une division, et le prix de 50 volumes par une multiplication.

2ᵉ EXEMPLE. 46 mèt. 50 de drap ont coûté 669 fr. 50. Combien 23 mèt. 60 coûteront-ils ?

Si 46 m. 50 coûtent   669 fr. 50

1   coûte 46,50 fois *moins* ou $\dfrac{669,50}{46,50} =$ 14 fr. 40

23,60 coût. 23,60 fois *plus* ou $14,40 \times 23,60 = 339$ fr. 84

Les 23 mèt. 60 de drap coûteront 339 fr. 84 c.

3ᵉ EXEMPLE. Un bateau à vapeur a fait 4080 kilomètres en 12 jours de navigation. Combien de kilomètres fera-t-il en 35 jours ?

Solution. Il faut trouver le nombre de kilomètres qu'il parcourt en 1 jour puis le multiplier par 35.

Si en 12 j. il parcourt   4080 k.

En 1 j. il en parcourt 12 fois *moins* ou $\dfrac{4080}{12}$ $=$ 340

En 35 j. il en parcourra 35 fois *plus* ou $340 \times 35 = 11900$ k.

Le bateau à vapeur parcourra 11900 kilomètres en 35 jours.

4e EXEMPLE. Combien 4250 francs rapporteront-ils à 4 ½ pour $_{0}/^{0}$? C'est-à-dire 100 francs rapportant 4 francs 50 centimes d'*intérêt* par an, combien 4250 francs rapporteront-ils ?

Solution. Il faut trouver l'intérêt de 1 franc, puis le multiplier par 4250.

Si 100 fr. rapportent par an   4 fr. 50

   1   rapporte 100 fois *moins* ou $\dfrac{4,50}{100} = 0,\ 045$

4250   rapporteront 4250 fois *plus* ou $0,045 \times 4250 =$
          191,25.

Les 4250 fr. rapporteront 191 fr. 25 d'intérêt annuel.

141. REMARQUE. Ordinairement on n'effectue pas de suite la division et la multiplication, on les indique seulement et on les effectue à la fin, comme il suit :

Si 100 fr. rapportent par an   4 fr. 50

   1   rapporte seulement $\dfrac{4\quad 50}{100}$

4250   rapporteront $\dfrac{4,50 \times 2450}{100} = \dfrac{19125}{100} = 191,25.$

Les 4250 fr. rapporteront 191 fr. 25 d'intérêt.

D'abord on profite des simplifications qui se présentent souvent d'elles-mêmes, puis on effectue les multiplications, et enfin les divisions. Cette marche, quoique moins directe, est habituellement plus claire et plus expéditive.

5ᵉ EXEMPLE. Un marchand fait 3 p. % de remise au comptant. Que remettra-t-il sur une facture de 1275 fr. ? C'est-à-dire 100 fr. ayant 3 fr. de remise, quelle est la remise de 1275 fr. ?

Si   100 fr. ont de remise   3 fr.

$$1 \quad a \ldots \quad \frac{3}{100}$$

$$1275 \quad \text{auront} \ldots \quad \frac{3 \times 1275}{100} = \frac{3825}{100} = 38,25$$

La remise pour 1275 fr. sera de 38 fr. 25.

6ᵉ EXEMPLE. Un commis voyageur a 2 $^4/_2$ p. % sur ses ventes. Il a vendu dans une tournée pour 35655 fr. 25 de marchandises. Quel est son gain ?

Si   100 fr.   rapportent   2 fr. 50

$$1 \quad \text{rapporte} \quad \frac{2 \quad 50}{100}$$

$$35655,25 \quad \text{rapporteront} \quad \frac{2,50 \times 35655,25}{100} = 891,38$$

Son gain est de 891 fr. 38.

7ᵉ EXEMPLE. Un fossé a été creusé en 18 jours par 20 ouvriers. En combien de jours aurait-il été creusé par 45 ouvriers ?

Solution. Il faut trouver le nombre de jours que mettrait 1 ouvrier et le diviser par 45 pour avoir celui qu'y emploieront les 45 ouvriers ; car plus il y a d'ouvriers, moins il faut de temps.

Si 20 ouvriers emploient   18 jours.

1   emploie 20 fois *plus* de jours 18×20

45   emploieront 45 fois *moins*

de jours $\dfrac{18 \times 20}{45} = 8$

Les 45 ouvriers n'auraient employé que 8 jours.

142. REMARQUE. On voit qu'il y a des cas où les opérations sont *inverses*, c'est-à-dire où la valeur de l'unité s'obtient par une multiplication et celle que l'on cherche par une division. C'est la lecture attentive des conditions du problème qui indique comment l'on doit procéder.

8ᵉ EXEMPLE. Une place assiégée n'a plus que 15 jours de vivres, elle doit tenir encore 25 jours. A combien réduire la ration de chaque soldat?

Solution. Il faut chercher le nombre de rations qui reviendraient à chaque soldat pour 1 jour et le diviser par 25 afin d'avoir la ration réduite pour 25 jours.

Si chaque soldat a pour 15 jours journellement 1 ration

il aurait pour 1 jour 15 fois *plus* de rations ou $1 \times 15 = 15$

il aura pour 25 jours 25 fois *moins* de rat. ou $\dfrac{15}{25} = 0,6.$

Chaque soldat ne devra plus recevoir journellement que les 6 dixièmes d'une ration.

9ᵉ EXEMPLE. 15 mètres d'étoffe sur $\frac{2}{3}$ de large ont coûté 340 francs. Combien coûteront 24 mètres sur $\frac{3}{4}$ de large?

Solution. Si 15 mètres sur $\frac{2}{3}$ de large coûtent

$$\ldots\ldots\ldots \quad 340 \text{ fr.}$$

on aura $\quad 1 \ldots\ldots \frac{2}{3} \ldots \quad \dfrac{340}{15}$

$\quad 1 \ldots\ldots \frac{1}{3} \ldots \quad \dfrac{340}{15 \times 2}$

$\quad 1 \ldots \frac{3}{3} \text{ ou } 1 \ldots \quad \dfrac{340 \times 3}{15 \times 2}$

$\quad 24 \ldots\ldots 1 \ldots \quad \dfrac{340 \times 3 \times 24}{15 \times 2}$

$$24 \ldots \ldots 3 \ldots \frac{340 \times 3 \times 24 \times 3}{15 \times 2}$$

$$24 \ldots \ldots \tfrac{3}{4} \ldots \frac{340 \times 3 \times 24 \times 3}{15 \times 2 \times 4}$$

Les 24 mètres coûteront $\dfrac{340 \times 3 \times 24 \times 3}{15 \times 2 \times 4} = 612$ francs.

10e EXEMPLE. 8 ouvriers, travaillant 10 heures par jour, ont mis 5 jours pour faire 240 mètres d'ouvrage. Combien 12 ouvriers en feront-ils pendant 6 jours s'ils travaillent 7 heures par jour ?

Solution. Si 8 ouv. tr. 10 h. pen. 5 j. font

$$\ldots \ldots \ldots \ldots \ldots 250 \text{ m.}$$

$$\text{on aura} \quad 1 \ldots 10 \ldots 5 \ldots \frac{250}{8}$$

$$1 \ldots \ldots 1 \ldots 5 \ldots \frac{250}{8 \times 10}$$

$$1 \ldots \ldots 1 \ldots 1 \ldots \frac{250}{8 \times 10 \times 5}$$

$$12 \ldots \ldots 1 \ldots 1 \ldots \frac{250 \times 12}{8 \times 10 \times 5}$$

$$12 \ldots \ldots 7 \ldots 1 \ldots \frac{250 \times 12 \times 7}{8 \times 10 \times 5}$$

$$12 \ldots \ldots 7 \ldots 6 \ldots \frac{250 \times 12 \times 7 \times 6}{8 \times 10 \times 5}$$

Les 12 ouvriers feront $\dfrac{250 \times 12 \times 7 \times 6}{8 \times 10 \times 5} = 315$ mètres.

11e EXEMPLE. A quel taux a-t-on placé 4200 francs, sachant que l'intérêt de 8 mois a été de 140 ? C'est-à-dire

4200 francs ont produit pendant 8 mois 140 francs d'intérêt ; combien 100 francs en produisent-ils pendant un an ou
12 mois ?

Solution. Si 4200 fr. pendant 8 mois rapportent

$$\ldots\ldots\ldots\ldots 140 \text{ fr.}$$

on aura $\quad 1 \ldots\ldots 8 \ldots\ldots \dfrac{140}{4200}$

$$1 \ldots\ldots 1 \ldots\ldots \dfrac{140}{4200 \times 8}$$

$$100 \ldots\ldots 1 \ldots\ldots \dfrac{140 \times 100}{4200 \times 8}$$

$$100 \ldots\ldots 12 \ldots\ldots \dfrac{140 \times 100 \times 12}{4200 \times 8}$$

100 fr. rapporteront pendant 12 mois $\dfrac{140 \times 100 \times 12}{4200 \times 8} = 5 \text{ fr.}$

Le taux est de 5 pour cent par an.

12e EXEMPLE. Trois armateurs ont chargé un navire de
marchandises. Le premier pour 25000 fr., le second pour
20000 fr. et le troisième pour 28000 fr. Le bénéfice est de
18000 fr. Que revient-il à chacun ?

Solution. Il faut trouver le bénéfice de 1 franc. J'observe
que 18000 francs est le bénéfice total ou de

25000 + 20000 + 28000 fr. = 73000 fr.

Et je dis :

Si 73000 fr. produisent $\ldots\ldots$ 18000 fr.

$\quad 1 \qquad$ produit $\ldots\ldots \dfrac{18000}{73000} = \dfrac{18}{73}$

$$\text{Le 1}^{\text{er}} \text{ armateur, ou } 25000 \text{ a gagné } \frac{18 \times 25000}{73} = 6164, 37$$

$$\text{Le 2}^{\text{e}} \ldots \ldots \ldots 20000 \ldots \ldots \frac{18 \times 20000}{73} = 4931, 51$$

$$\text{Le 3}^{\text{e}} \ldots \ldots \ldots 28000 \ldots \ldots \frac{18 \times 28000}{73} = 6904, 11$$

dont la somme reproduit en effet le bénéfice total $\overline{18000, 00}$

13ᵉ EXEMPLE. Jean place 1500 fr. pendant 2 ans ; Paul 2640 fr. pendant 10 mois ; Louis 1200 fr. pendant un an et demi. Ils perdent 7500 fr. Quelle est la perte de chacun ?

Solution. Je ramène les mises à *une même durée,* à 1 mois :

1500 fr. pend. 24 mois revient à $1500 \times 24 = 36000$ fr. pend. 1 mois
2640 . . . 10 26400   id.
1200 . . . 18 . . . . . $1200 \times 18 = 21600$ id.

Total   84000

Puis, regardant 7500 fr. comme la perte de 84000 fr., je calcule, comme ci-dessus, les pertes 3214 fr. 29, 2357 fr. 14, 1928 fr. 57 qui correspondent à 36000, 26400, 21600, par conséquent aux *trois mises réelles* 1500, 2640, et 1200 fr.

14ᵉ EXEMPLE. Trois villes de 30, 50 et 70 mille habitants doivent fournir à l'armée un contingent de 180 hommes. Combien d'hommes chacune donnera-t-elle ?

Solution. Les trois villes ayant un total de 150000 habitants, je dis :

Si 150000 doit fournir 180,
    1 fournirait   0,0012 quotient de 180 par 150000
donc 30000 fournira $0,0012 \times 30000 = 36$
    50000 . . . $0,0012 \times 50000 = 60$
    70000 . . . $0,0012 \times 70000 = 84.$

Les 3 villes fourniront respectivement 36, 60 et 84 hommes.

PROBLÈMES.

NOMBRES ENTIERS ET DÉCIMAUX.

ADDITION.

1. On compte de Paris à Châlons 173 kilomètres, de Châlons à Nancy 180 kilom., de Nancy à Strasbourg 149 kilom. Quelle est la distance de Paris à Strasbourg?

R. 502 kilomètres.

2. Un caissier a en caisse 6500 francs en billets, 2585 fr. en or, 589 fr. en argent, 3 fr. en bronze. Qu'a-t-il en somme?

R. 9677 francs.

3. Trois négociants forment une société. Le premier apporte 32500 fr., le deuxième 25800 fr., le troisième 29700 fr. Quel est leur capital social?

R. 88000 francs.

4. On charge sur un camion quatre ballots. L'un de 945 kilogrammes, l'autre de 608 kilog., le troisième de 56 kilog., le quatrième de 857 kilog. Le camion pèse 1050 kilog. Quel est le poids total?

R. 3466 kilogrammes.

5. On veut donner 125 mètres de toile à une famille pauvre, 76^m à une deuxième, 90^m à une troisième et 88^m à une quatrième. Combien faut-il en acheter?

R. 379 mètres.

6. Un garçon de recette a touché un billet de 544 fr. 65 c., un autre de 779 fr. 50 c., un troisième de 1000 fr., un quatrième de 1258 fr. 85 c., un cinquième de 837 fr. 25 c. Que doit-il remettre au caissier?

R. 4420 fr. 25 c.

7. La servante achète au marché pour 0 fr. 35 c. de salade, 1 fr. 75 c. de beurre, 2 fr. 25 c. de fruits, 5 fr. 80 c. de volailles, 2 fr. 15 c. de légumes, 3 fr. 60 c. de poisson, 4 fr. 75 c. de vaisselle. Que lui doit sa maîtresse?

R. 20 fr. 65 c.

8. On a vendu sur une pièce de drap un coupon de 13 mètres 55 cent., un deuxième de 12^m 82, puis un troisième de 18^m 40. Qu'a-t-on coupé, en somme, de cette pièce?

R. 44 mètres 47 cent.

9. Une personne a dépensé en un an 550 fr. 65 c. pour son logement, 1845 fr. 50 c. pour sa nourriture, 324 fr. 50 c. pour sa servante, 380 fr. 65 c. pour son entretien, 252 fr. 80 c. pour ses aumônes, 209 fr. pour ses plaisirs. Quelle est la dépense totale?

R. 3563 fr. 10 c.

10. Un voyageur a fait le premier jour 450 kilomètres 50, le deuxième jour 385 kilom. 60, le troisième jour 491 kilom. 40, le quatrième jour 485 kilom. 45; il lui reste 1850 kilom. 80 à parcourir. Combien a-t-il fait de kilomètres, et combien doit-il en faire?

R. 1812 kilom. 95, — 3663 kilom. 75.

SOUSTRACTION.

11. On a tiré 87 litres d'un tonneau de 256 litres. Que reste-t-il à tirer?

R. 169 litres.

12. Je dois 6740 francs; j'ai payé 3855 francs. Qu'ai-je à acquitter?

R. 2885 francs.

13. Louis XIV monta sur le trône en 1643 et mourut en 1715. Combien d'années régna-t-il?

R. 72 ans.

14. La plus haute montagne du globe est un pic de l'Himalaya, en Asie; il a 7821 mètres d'élévation. La plus haute montagne d'Europe est le Mont-Blanc; il a 4810 mètres. Quelle est leur diffé-rence de hauteur?

R. 3011 mètres.

15. Un maître achète dix douzaines d'oranges. Il en donne une à chaque élève, il en jette 13 de gâtées, il lui en reste 11. Combien a-t-il d'élèves?

R. 96 élèves.

16. Un enfant reçoit en étrennes 15 fr. 50 c. Il donne à divers pauvres 7 fr. 85. Que lui reste-t-il pour ses menus plaisirs?

R. 7 fr. 65 c.

17. Quel est le poids de l'huile contenue dans une cruche qui pèse, vide, 5 kilogrammes 45, et, pleine, 36 kilog. 70?

R. 31 kilog. 25.

18. Un brillant pèse 7 grammes 57. L'or seul pèse 6 gr. 68. Que pèse le diamant?

R. 0,89.

19. On a fait avancer une aiguille de 0^m, 654, on l'a fait reculer de 0^m, 587. De combien a-t-elle avancé?

R. 0^m 067.

20. On a vendu sur une pièce de ruban de 58 mètres 50, les trois coupons: 13^m, 55; 7^m, 80; 15^m, 45. Quelle est la longueur du reste?

R. 21 mètres 70.

MULTIPLICATION.

21. Quel est le prix de 256 mètres de drap à 25 fr. le mètre?
R. 6400 fr.

22. J'ai 16 ans. Combien ai-je vécu de secondes?
R. 504 576 000 secondes.

23. La circonférence de la terre vaut 360 degrés; chaque degré vaut 25 lieues de 4 kilomètres 444. Combien y a-t-il de lieues dans le tour de la terre?

R. 9000 lieues.

24. Un terrain à bâtir est estimé 235 fr. le mètre carré, il renferme 2754 mètres carrés. Combien vaut-il?

R. 647 490 fr.

25. La lumière parcourt 7700 lieues par seconde. Combien parcourt-elle par jour?

R. 6 652 800 000 lieues.

26. Combien faut-il mettre d'eau dans 264 litres 50 de vin pour que chaque litre en renferme 0^l, 15?

R. 39 litres 67.

27. Un escalier a 286 marches de 0^m 165 chacune. Quelle est la hauteur de l'escalier?

R. 47 mètres 19.

28. Une fontaine donne 12 litres 25 d'eau par minute. Que donne-t-elle par heure, jour, semaine, mois et année?

R. 735 litres par heure.

29. Une maison qu'on bâtit a 65 fenêtres de 6 carreaux, 22 de 4 carreaux et 10 de 2 carreaux. Le carreau placé revient à 1 fr. 05 c. Quelle sera la dépense?

R. 522 fr. 90 c.

30. La ration d'un soldat est 0 kilog. 750 de pain par jour, à 0 fr. 226 le kilogramme. Combien faut-il de kilogrammes de pain, par jour, pour 154 000 hommes, et quelle en est la dépense?

R. 115 500 kilogrammes de pain. — 26 103 fr.

DIVISION.

31. On a payé 630 fr. pour 35 mètres de drap. Quel est le prix du mètre?

R. 18 fr.

32. Un grand-père laisse à 14 héritiers un héritage de 353 650 fr., mais il doit 5246 fr. Quelle est la part de chacun?

R. 24 886 fr.

33. Les trains de grande vitesse parcourent en 10 heures les 370 kilomètres de Paris à Cherbourg, en 13 h. 30 min. (13,50), les 578 kilom. de Paris à Bordeaux; en 14 h. 30 m. (14,50), les 502 kilom. de Paris à Strasbourg; en 11 h. les 506 kilom. de Paris à Lyon. Quelle est leur vitesse par heure?

R. La vitesse est de 37 kil. sur la première ligne; de 42 kil. 07 sur la deuxième; de 43 kil. 65 sur la troisième; de 46 kil. sur la quatrième.

34. On a compté 5 670 pour le nombre de tours qu'une roue a faits en 105 minutes. Combien fait-elle de tours par minute?

R. 54 tours.

35. Un canon est placé à 5 100 mètres de distance, et le bruit d'un de ses coups ne s'entend que 15 secondes, en valeur moyenne, après qu'on a vu la lumière. Quelle est la vitesse du son par seconde, en supposant instantanée la vitesse de la lumière?

R. 340 mètres.

36. Un employé a 3 580 fr. 50 de traitement par an. Que peut-il dépenser par jour?

R. 9 fr. 80 c.

37. Un bureau de bienfaisance a 18 540 fr. 50 de revenu annuel et 81 familles inscrites. Que peut-il donner à chacune, en moyenne, par semaine?

R. 4 fr. 40 c.

38. Pour déblayer 5148 mètres cubes de terrain, combien faudra-t-il de charretées, à raison de 3 mètres cubes 500 par charretée? On a payé 2 676 fr. 96 de déblai. Quel est le prix du mètre cube?

R. 1 470 charretées 8. — 52 centimes le mètre cube.

39. Une lampe allumée 6 heures chaque nuit, a consumé en 30 jours 8 kilog. 456 d'huile, à 4 fr. 40 le kilog. Quelle est la dépense par heure?

R. 0 fr. 066.

40. En première classe de chemin de fer, on paye 96 fr. 55 c. les 862 kilom. de Paris à Marseille ; 56 fr. 20 les 502 kilom. de Paris à Strasbourg ; 37 fr. 55 les 370 kilom. de Paris à Bruxelles. Quel est le prix du kilomètre sur ces diverses lignes?

R. 0 fr. 12 c. le kilomètre sur la première ligne ; 0 fr. 11 c. sur la seconde et 0 fr. 10 c. sur la troisième.

SYSTÈME MÉTRIQUE.

MÈTRE.

41. Écrire en chiffres les nombres suivants :

Dix décam. trente-sept millim.   Trois cent décim. 5 millim.
Zéro mèt. quatre millim.   Quatre centièmes de millim.
Un kilom. deux centim.   Cent un kilom. 202 millim.

42. Lire les nombres suivants :

$1^{kil.}{,}0014$ $30^{m}{,}0357$ $9545^{hectom.}{,}0573$
$50^{hectom.}{,}05$ $240^{décim.}{,}5453$ $345^{millim.}{,}578$

43. Combien y a-t-il

de mètres dans $15^{myriam.}$ dans $35^{kilom.}$ dans $26\,078^{centim.}$
de décamètres dans $3^{myriam.}$ $5^{kilom.}$ $136\,789^{millim.}$
de centimètres dans $10^{décam.}$ $254^{centim.}$ $18\,564^{millim.}$

44. Un tapissier a collé $39.^{m}{,}35$, puis $45^{m}{,}60$, puis $27^{m}{,}75$ de bordure, à 0 fr. 15 le mètre. Combien de mètres a-t-il employés, et quel en est le prix?

R. 112 mèt. 70. — 16 fr. 90.

45. Une échelle a $5^{m}{,}55$ de haut, les échelons ont $0^{m}{,}24$ de distance, j'en ai monté 12 échelons. Quelle partie de l'échelle ai-je encore à parcourir?

R. $3^{m}{,}03$.

46. On vend 15 pièces de $55^{m}{,}45$ de cotonnade à 0,80 le mètre. Quel en est le prix?

R. 665 fr. 40.

47. On veut arriver au sommet d'une tour de 62^m,42 de hauteur par 365 marches. Quelle hauteur donner à chaque marche?

R. 171 millimètres.

MESURES ITINÉRAIRES.

48. Combien y a-t-il

de myriamètres dans 100 kilom. dans 845 kilom. dans 87 675 hectom.
de kilomètres dans 3 myriam.,55 dans 12 578 hectom. dans 375 000 000 m.
d'hectomètres dans 12 myriam.,07 dans 358 kilom. dans 1 005 m.,100?

49 Additionner ces distances : 2 myriam.,58 ; 0 kilom.50 ; 354 hectom.

50. On a pavé 651 m.,5 d'une route de 3 kilom.,20. Que reste-t-il à paver?

R. 2349m.,15.

51. On paye, sur une route, 0fr.,084 par kilom. Combien coûtera un voyage de 374 kilomètres?

R. 31 fr. 42 c.

52. On veut border une avenue de 1 kilom.,260 par des peupliers placés à 4 m.,5 de distance. Combien faut-il en acheter?

R. 560.

MÈTRE CARRÉ.

53. Écrire en chiffres les nombres suivants :
Un m. car. trente-trois décim.   Deux m. car. cent vingt-deux c.
Cent m. car. douze cents centim. Um m. car. huit millim.
Cinq mèt. car. huit cent vingt-cinq mille deux cent treize millim.

54. Lire les nombres suivants :

   0^m,0707   320^m,7007   107^m,056 089 945

  120^m,7070   54^m,0770   0^m,000 008 895

55. Combien y a-t-il

de mètres carrés dans 600 décim. car., dans 4 857 centim. car.,
dans 6 245 078 millim. car.

de décamèt. car. dans 23 455 m. car., dans 123 456 décim. car.,
dans 123 456 789 millim. car.

de centimèt. car. dans 100 mèt. car., dans 23 450 décim. car.
dans 1 243 568 905 millim. car.?

56. Additionner 34 $^{\text{décam. car.}}$,54; 104 $^{\text{m. car.}}$,5 065 et 4 $^{\text{décim. car.}}$

57. Quelle est la différence de 400 millimètres carrés à 4 décamètres carrés?

R. 399 $^{\text{m. car.}}$,9 996.

58. Une muraille a 12^{m},50 de long, 6^{m},42 de haut. Combien coûtera-t-elle à faire peindre, au prix de 0^{fr},75 le mètre carré?

R. 60 fr. 19.

59. On a employé 2 625 mètres carrés de toile pour faire 225 rideaux. Combien chaque rideau contient-il de mètres carrés?

R. 11 $^{\text{m. car.}}$,67.

MESURES TOPOGRAPHIQUES.

60. Combien y a-t-il de
myriamètres carrés dans 162 $^{\text{kilom. car.}}$ dans 56 785 $^{\text{hectom. car.}}$
kilomètres carrés   2 456 $^{\text{hectom. car.}}$ 945 $^{\text{myriam. car.}}$
hectomètres carrés   254 $^{\text{kilom. car.}}$ 42 $^{\text{myriam. car.}}$?

61. Donnez la superficie totale de trois communes ayant respectivement 3 $^{\text{myriam. car.}}$,5 460; 125 $^{\text{kilom. car.}}$,05, et 354 078 $^{\text{hectom. car.}}$

R. 4 020 $^{\text{kilom. car.}}$,43.

62. Quelle est la différence de surface de deux cantons de 2 $^{\text{myriam. car.}}$,60 et 18 457 $^{\text{hectom. car.}}$?

R. 75 $^{\text{kilom. car.}}$,43.

63. Quelle est la superficie d'une commune qui a, valeur moyenne, 3 $^{\text{kilom.}}$,55 de long sur 4 $^{\text{kilom.}}$,87 de large?

R. 17 $^{\text{kilom. car.}}$,29.

64. Si on divise 145 $^{\text{myriam. car.}}$,54 en 21 terrains égaux, quelle est la superficie de chacun?

R. 6 $^{\text{myriam. car.}}$,93.

MESURES AGRAIRES.

65. Écrire en chiffres les nombres suivants :
Deux cent dix hectares trente-deux centiares.
Deux mille quatre cent vingt-cinq centiares.
Un hectare cent quatre centiares.

66. Lire les nombres suivants :

25 hecta.,56	3 hecta.,07	8 hecta.,0 569	15 hecta.,0 090
0 hecta.,0005	0 hecta.,0508	9 hecta.,144	1 hecta.,3

67. Combien y a-t-il

d'ares	dans	25 hecta.	dans	345 centia.	dans 5 467 centia.
d'hectares	»	556 ares	»	51 246 centia.	» 2 346 centin.
de centiares	»	3 hecta.	»	6 ares	» 23 bect.,163 ?

68. Quelle est la surface totale de 20 hectares 5 centiares ;
5 ares 30 centiares ; 140 centiares, et 25 678 centiares ?

R. 22 hecta.,6 353.

69. Sur une terre de 58 hecta.,45, on veut prendre en prés
15 hecta.,8. Que restera-t-il en terres labourables ?

R. 43 hecta.,37.

70. Une forêt est divisée en 24 coupes de 8 hecta.,25 chacune.
Quelle est sa superficie ?

R. 198 hectares.

71. Un propriétaire veut prendre la 12e partie d'un parc de
15 hecta.,50, pour en faire un jardin. Quelle sera la grandeur du
jardin et du parc ?

R. 1 hecta.,29. — 14 hecta.,21.

MÈTRE CUBE.

72. Écrire en chiffres les nombres suivants :
Douze mètres cubes six cent quatre-vingt-seize mille neuf centimèt.
Vingt mille mètres cubes douze cent dix millimètres cubes.
Cent millions cent mille cent un millimètres cubes.

73. Lire les nombres suivants :

0 m. cub.,015   0 m. cub.,004 507   5 m. cub.,056 595 850

6 m. cub.,20   5 m. cub.,10 689   3 m. cub.,404 040

74. Combien y a-t-il

de mètres cubes   dans 15 540 déc. cub.   dans   57 891 cent. cub.

de décimètres cubes   »   21 m. cub.,551   »   134 677 cent. cub.

de centimètres cubes   »   5 m. cub.,009   »   38 m. c.,548000 ?

75. Quelle est la somme de 3 m. cub.,540 ; 245 décim. cubes ; 654 millim. cubes ?

R. 3 m. cub.,785 654.

76. On achète 3 540 m. cub. de pierres à bâtir ; on en a reçu 1850 m. cub.,009. Que reste-t-il à venir ?

R. 1689 m. cub.,991.

77. Dans 1245 tas de pierres, concassées pour paver une route, et ayant chacun 3 m. cub.,500 de volume, combien y a-t-il de mètres cubes ? Combien payer à raison de 0 fr.,85 le mèt. cube ?

R. 4357 m. cub.,500. — 3703 fr.,87.

78. Un mur de 96 m. cub.,070 est en briques de 2 décim. cub.,260, y compris les joints. Combien y est-il entré de briques ?

R. 42 509 briques.

STÈRE.

79. Écrire en chiffres les nombres suivants :

Douze stères huit décistères.   Six cents décistères

Cent vingt stères deux stères.   Trois décastères un stère.

Cinq décastères huit décistères.   Dix décastères un décistère.

80. Lire les nombres suivants :

124 st.,07   0 st.,65   12 décast.,50

100 st.,04   23 décast.,56   0 décast.,12

81. Combien y a-t-il

de stères   dans 10 décast. dans 28 décast. dans 30 décast.

de décastères   »   44 st.   »   38 st.,6   »   127 décist.

de décistères   »   110 décast.   »   145 st.,7   »   3 décast. ?

82. On a brûlé dans un hiver 26 st.,5 de chêne, 25 st.,9 de hêtre, 44 st. de bouleau aux prix respectifs de 518 fr.,50, de 316 fr.,20 et de 514 fr.,75. Combien a-t-on brûlé de stères de bois et pour quelle somme?

R. 96 st.,4. — 1349 fr.,45.

83. Sur une provision de 54 décastères, on a brûlé 145 décist. de bois. Que reste-t-il?

R. 525 st.,5.

84. On a acheté 3 décast.,5 de chêne à 21 fr.,40 le stère, et 56 décast. de hêtre à 19 fr.,75 le stère. Qu'a-t-on dépensé?

R. 11809 fr..

85. Divisez 215 st.,9 de bois entre 13 familles pauvres. Que recevra chacune d'elles?

R. 16 st.,6.

LITRE.

86. Écrire en chiffres les nombres suivants :

Dix hectolitres vingt-un litres.   Cinq hectol. quarante décil.
Trois hectol. huit centil.   Cinq te-cinq déca. cent deux cent.
Cent litres cinq décilitres.   Douze cent quarante-trois centil.

87. Lire les nombres suivants :

8 hectol.,1065   12 hectol.,015   0 hectol.,1004
145 décal.,275   2 décal.,07   45 lit.,50

88. Combien y a-t-il

de litres   dans 150 hectol.   dans   29 décal.,50 dans 3550 décil.
d'hectolitres   »   60 décal.,50   »   1580 lit.,40   » 76500 décil.
de décilitres   »   3 hect.,54   »   37 décal.,56   » 2347 cent.?

89. On a mis dans une pièce 120 lit.,6 de vin première qualité, 1 hectol. de seconde qualité, 27 lit. d'eau et 2 lit.,05 d'eau-de-vie. La pièce est pleine. Quelle est sa capacité? Et, en vendant le litre de ce mélange 1 fr.,05, que recevra-t-on?

R. 249 lit.,65. — 262 fr.,13.

90. Retranchez 12 centil. de 12 hectol. ; que vous reste-t-il?
R. 1199 lit.,88.

91. Combien y a-t-il d'hectolitres d'avoine dans 287 sacs de 1 hectol.,85 chacun ?

R. 530 hectol.,95.

92. On a distribué 3 hectol.,4125 de vin à 455 soldats. Qu'en a reçu chacun d'eux ?

R. 75 centilitres.

POIDS.

93. Écrire en chiffres les nombres suivants :

Vingt-cinq kilog. huit grammes.   Douze décagr. cent dix centigr.

Un kilog. deux milligrammes.   Quatre myriag. mille cinquante milligrammes.

Zéro myriag. cent douze mille décigrammes.   Zéro décagr. soixante-un milligrammes.

94. Lire les nombres suivants :

120 kilog.,1250   4 myriag.,567 890   92 décag.,0045

400 g.,57   0 g.,036   12 décig.,42

95. Combien y a-t-il

de grammes   dans 105 myriag.,47   dans 45 kilog.,070

»   307 hectog.,0057

de kilogrammes   »   190 hectog.,125   »   1205 g.

»   345 243 256 millig.

de décigrammes   »   2 kilog.,3456   »   37 g.,54

»   346 504 centig. ?

96. Quel est le poids total de 5 ballots pesant respectivement 53 kilog.,457 ; 127 kilog.,078 ; 12685 décag. ; 34567 gr. ; 0 kilog.,058 ?

R. 342 kil.,040.

97. Un bijou d'or pèse 855 millig. et un autre 1 gr.,549. Quelle est leur différence de pesanteur ?

R. 694 milligr.

98. Une pièce d'or de 20 fr. pèse 6 gr.,4516. Quel est le poids d'un rouleau de 48 pièces ?

R. 309 gr.,6768.

99. Une chaîne d'or composée de 580 petits anneaux pèse 20ᵍʳ,300. Quel est le poids de chaque anneau?

R. 35 milligr.

MONNAIES.

100. Écrire en chiffres les nombres suivants :

Cent francs cinq centimes.   Onze cents francs quatre-vingts cent.
Vingt mille fr. six décimes.   Trois fr. quatre-vingt-dix-sept cent.
Cent trente décimes.   Mille cinquante centimes.

101. Lire les nombres suivants :

400ᶠ,04	12ᶠ,45	1 045ᶠ,905
0ᶠ,55	4ᶠ,20	12 489ᶠ,8

102. Combien y a-t-il

de francs dans	1 000 décimes	10 000 centim.	28 745 décim. ?
de décimes dans	345ᶠ	18 246 centim.	876ᶠ,54?
de centimes dans 15 000ᶠ		3 457ᵈᵉᶜⁱ,55	356ᶠ,8?

103. On a perdu au jeu 25ᶠ,50; puis 15ᶠ,25; puis 45ᶜᵉⁿᵗ. Quelle est la perte totale?

R. 41ᶠ,20.

104. Sur un billet de 1 705ᶠ,05 on a payé 697ᶠ,27, que doit-on encore?

R. 1 007ᶠ,78.

105. On doit payer, fin janvier, 9 billets de 895ᶠ,75. Quelle somme faut-il réunir?

R. 8 061ᶠ,75.

106. Un fermier a vendu 356ʰᵉᶜᵗᵒˡ,75 d'avoine pour 6 599ᶠ,85. Quel est le prix de l'hectolitre?

R. 18ᶠ,50.

TABLEAU DES RAPPORTS DES MESURES.

Le myriamètre carré (100 000 000 mètr. carr.). . égale. . .		10 000 hectares.
Le kilomètre carré (1 000 000 mèt. car.) . . . . égale. . .		100 hectares.
L'hectomètre carré (10 000 mèt. car.). . . : . . } égale. . }		1 hectare ou 100 ares.
Le décamètre carré (100 mèt. car.) . . . . . . égale. . .		1 are.
Le mètre carré . . . . égale. . .		1 centiare.

10 mètres cubes . . . . égalent. .		1 décastère.
1 mètre cube . . . . égale. . .		1 stère.
100 décimètres cubes . . . . . égalent. .		1 décistère.

1 mètre cube . . . . égale. . .		1 kilolitre.
100 décimètres cubes . . . . . égalent. .		1 hectolitre.
10 décimètres cubes . . . . . égalent. .		1 décalitre.
1 décimètre cube . . . . . . égale. . .		1 litre.
100 centimètres cubes . . . . égalent. .		1 décilitre.
10 centimètres cubes . . . . égalent. .		1 centilitre.

1 mètre cube d'eau (1 kilolitre). . . . . } pèse . . {		1 000 kilogrammes (1 tonneau).
100 décimètres cubes d'eau (1 hectolitre). . . : . . . . } pèsent . {		100 kilogrammes (1 quintal).
1 décimètre cube d'eau (1 litre). . . . . pèse . . .		1 kilogramme.
100 centimètres cubes d'eau (1 décilitre) . . . . pèsent . .		1 hectogram.
10 centimètres cubes d'eau (1 centilitre) . . . . pèsent . .		1 décagramm.
1 centimètre cube d'eau . . pèse . . .		1 gramme.
100 millimètres cubes d'eau. . pèsent . .		1 décigramm.
10 millimètres cubes d'eau. . pèsent . .		1 centigram.
1 millimètre cube d'eau . . pèse . . .		1 milligram.

107. Combien y a-t-il

de mètres carrés dans	1 hectare,	dans	54 hectares ?
de décim. carrés dans	35 hectares,	dans	254 ares ?
d'hectomèt. car. dans	1 000 hectar.,	dans 35 400 ares ?	
d'hectares	dans 100 hectom. car.,	dans	12 kilom. car. ?
d'ares	dans 540 mèt. car.,	dans	26 décam. id. ?
de centiares	dans 600 mèt. car.,	dans	6 décam. id. ?

108. Combien y a-t-il

de mètres cubes	dans 856 stères ?		
de décimètres cubes	dans 25st,60	dans	$35^{décast.}$,54 ?
de stères	dans $120^{m. cub.}$,50 ?		
de décistères	dans $10^{m. cub.}$,546, dans $3 545^{décim. cub.}$?		

109. Combien y a-t-il

de kilolitres dans	50 mètres cub.,	dans	$24^{m. cub.}$,650 ?
d'hectolitres »	44 mètres cub.,	»	$58^{m. cub.}$,100 ?
de litres »	240 mètres cub.,	»	$158^{décim. cub.}$?
de décilitres »	25 décim. cub.,	»	$1^{m. cub.}$,354105 ?

110. Quel est le poids de $16^{m. cub.}$,540 d'eau ; de $154^{décim. cub.}$?

111. Combien y a-t-il de décimèt. cub. dans $650^{kilog.}$,50 d'eau ?

112. Un vase plein d'eau pèse 48 kilogrammes, le vase seul pèse 3 kilogrammes. Quel est le volume de l'eau ou la capacité du vase ?

R. 254 décim. cubes.

113. Combien pèsent 156 pièces de 20 fr. ; 280 pièces de 5 fr. (argent) ; 150 pièces de 10 centimes ?

114. Combien y a-t-il de pièces de 20 fr. dans $3^{kilog.}$,774 186 ; de pièces 5 fr. (argent) dans $10^{kilog.}$,975 ; de pièces de 5 centimes dans $2^{kilog.}$,005 ?

115. Combien y a-t-il d'argent pur dans un vase qui pèse $3^{kilog.}$,546 et dont l'argent est au premier titre 0,950 ?

R. $3^{kilog.}$, 3687.

116. Combien payera-t-on $3^{kilog.}$, 3687 d'argent pur au change des monnaies qui paye 220 fr. 50 le kilogr. ; et par conséquent combien sera payé le vase du problème précédent ?

R. 743 fr.

MÉTHODES DE CALCUL.

RÈGLE DES MOYENNES.

117. On verse 50 litres d'eau , 3 lit. d'alcool à 2^f,10 dans 225 litr. de vin à 0^f,95. Quelle est la valeur d'un litre du mélange?

R. 79 centimes.

118. On a pesé trois fois un bijou, et on a trouvé 245 milligrammes, 241 millig. et 246 millig. Que pèse ce bijou en valeur moyenne?

R. 244 milligrammes.

119. Une éclipse a commencé 35 minutes avant 2 heures, et a fini 27 minutes après deux heures. Quel est le moment de la plus grande ombre?

R. 4 minutes avant 2 heures.

120. On a tiré 25 coups pour essayer un fusil : 8 coups ont porté à 1560 mètres, 7 à 1480^m, 6 à 1500^m et 4 à 1530^m. Quelle est sa portée moyenne ?

R. 1518^m,4.

121. On achète 810 mètres de drap à 15 fr. 90 c. On en revend 530^m à 18^{fr},70^c; 225^m 50 à 17^{fr},80 et le reste à 19^{fr},10. Qu'a-t-on gagné par mètre, l'un dans l'autre?

R. 2 fr. 57 c.

MÉTHODE DE RÉDUCTION A L'UNITÉ.

122. Combien coûteront   265 oranges à 1^{fr},68 la douzaine?

       Idem. . . . 1255   œufs à 48 cent. la douzaine?

       Idem. . . . 520 plumes à 1^{fr},25 les 12 douzain.?

R. 37^{fr},10. — 50^{fr},20. — 4^{fr},54.

123. On a payé 7^{fr},40 pour aller de Paris à Chartres distant de 88 kilomètres. Combien payera-t-on pour aller au Mans distant de 211 kilom., à Laval distant de 304 kilom., à Rennes distant de 374 kilom.?

R. 17^{fr},74 pour le Mans.

124. On assure, sur un navire, pour 15 800 fr. de marchandises à raison de 2 fr.,25 pour 100. Quel est le prix de l'assurance ?

R. 355 fr.,50.

125. On a 1 750 litres d'eau-de-vie à 2 fr.,50, on veut l'échanger pour du vin à 0 fr.,65. Combien recevra-t-on de litres ?

R. 6 730 lit.76.

126. Je demande à un banquier une lettre de change de 6 500 fr. sur Marseille. Il prend 0 fr.,75 pour 100 ; que dois-je lui remettre en argent ?

R. 6 548 fr.,77.

127. J'ai promis de donner aux pauvres 4 fr. 15 pour 150 fr. de mes bénéfices. Qu'aurai-je gagné, quand je donnerai aux pauvres 240 fr.,50 ?

R. 8 692 fr.,78.

128. Un prince mourant laisse 8 500 fr. à répartir entre quatre vieux officiers dans la proportion de leur âge. Ils sont âgés de 68, 72, 78 et 82 ans. Que revient-il à chacun d'eux ?

R. 1 926 fr.67. — 2 040 fr. — 2 210 fr. — 2 323 fr.,33.

129. J'étais intéressé pour 12500 fr. dans la cargaison d'un navire. Les marchandises ayant été avariées, on n'en retire que 60 pour 100. Que perdrai-je sur mes 12500 fr. ?

R. 5000 fr.

130. J'ai promis de donner aux pauvres 4 fr. 15, sur 150 fr. de bénéfice. Que leur donnerai-je après avoir gagné 3540 fr. ?

R. 97 fr. 94 c.

131. On achète un terrain 15850 fr. 50, on veut le revendre avec un bénéfice de 12,50 pour 100. Combien en demandera-t-on ?

R. 17831 fr. 75 c.

132. Douze ouvriers ont mis 6 jours à élever un mur de 46 mèt. de long, 6 mèt. de haut, et 0m50 de large. Combien faudra-t-il de jours à 8 ouvriers pour faire un mur de 24 mèt. de long, 4 mèt. de haut et 0m40 de large ?

R. 2 jours 4 dixièmes.

TABLE DES MATIÈRES.

Paris. — Imprimerie W. REMQUET et Co, rue Garancière, 5.